Zahid Kashoo
Gulzar Badroo

Notas instantâneas sobre Bacteriologia Veterinária

Zahid Kashoo
Gulzar Badroo

Notas instantâneas sobre Bacteriologia Veterinária

ScienciaScripts

Imprint

Any brand names and product names mentioned in this book are subject to trademark, brand or patent protection and are trademarks or registered trademarks of their respective holders. The use of brand names, product names, common names, trade names, product descriptions etc. even without a particular marking in this work is in no way to be construed to mean that such names may be regarded as unrestricted in respect of trademark and brand protection legislation and could thus be used by anyone.

Cover image: www.ingimage.com

This book is a translation from the original published under ISBN 978-620-7-47585-8.

Publisher:
Sciencia Scripts
is a trademark of
Dodo Books Indian Ocean Ltd. and OmniScriptum S.R.L publishing group

120 High Road, East Finchley, London, N2 9ED, United Kingdom
Str. Armeneasca 28/1, office 1, Chisinau MD-2012, Republic of Moldova, Europe
Printed at: see last page
ISBN: 978-620-8-07435-7

Conteúdo

Capítulo n.º 1

Espécies de *Streptococcus*

Zahid A. Kashoo, Shaheen Farooq, M.A.Bhat

Os estreptococos são **fastidiosos**, necessitando de um meio enriquecido

- Cocos Gram-positivos que ocorrem **aos pares** (*Streptococcus pneumoniae*) **ou em cadeias**
- Não-móveis
- Não formador de esporos
- **Catalase -ve**
- Oxidase -ve
- Facultativamente anaeróbio

Habitat:

Estão amplamente distribuídos e também vivem como comensais dos tractos respiratório superior e urogenital. São susceptíveis à dessecação e não conseguem sobreviver longe do hospedeiro durante muito tempo.

Classificação

1   Existem 6 categorias baseadas em caraterísticas de crescimento, tipo de hemólise e caraterísticas bioquímicas. Estas são os estreptococos piogénicos, os estreptococos orais, os enterococos, os estreptococos lácticos, os estreptococos anaeróbios e outros estreptococos. A maioria dos estreptococos produtores de doenças pertence à categoria dos piogénicos.

2   Outra classificação baseada em diferenças serológicas numa **substância de hidratos de carbono** da parede celular (denominada **componente C**) é a dos **grupos de Lancefield**, designados pelas letras **A, B, C**, etc.

3   As estirpes são também classificadas de acordo com o tipo de hemólise:

- **Hemólise alfa (α)**: Hemólise parcial revelada como uma zona de descoloração verde à volta da colónia; hemólise com uma zona interior de células não hemolisadas
- **Beta ('β) hemólise**: Hemólise completa revelada como uma zona clara à volta da colónia.
- **Hemólise gama (γ)**: Nenhuma hemólise detetável

Modo de infeção:

Endógeno ou exógeno

Factores de Virulência:

Cápsulas de polissacáridos (*S. pyogenes*, *S. pneumoniae* e algumas estirpes de *S.* equi) *equi*)
Proteína M de superfície (antifagocítica), enzimas e exotoxinas como estreptolisinas (hemolisinas), **hialuronidase** (fator de espalhamento), DNase, NADases, **estreptoquinase** (fibrinolisina), proteases **streptodornase** (liquefaz as nucleoproteínas, pelo que o pus é mais fino do que o dos estafilococos), **toxinas eritrogénicas**, amilases, lipases e estrases são factores de virulência dos estreptococos.

Estreptococos patogénicos, seus habitats, hospedeiros e consequências da infeção:

Espécies	Lancefield Groupon	Haemolysis B.A.	recebe o	Consequências da infeção	Habitat habitual
S. pyogenes	A	β	Homem	**Escarlatina**, dor de garganta séptica, **febre puerperal** febre reumática	URT
S. agalactiae	B	β(α' γ)	Gado,	**Mastite crónica**	Ductos

Espécie / Grupo	Hemólise	Hospedeiro	Doença	Local
		ovelhas, cabras Homem, cães	Septicemia neonatal	lácteos Vagina
S. dysgalactiae C	a(β' γ)	Gado	**Mastite aguda** Cavidadevagina CordeirosPoliartrite	Bucal
S. equisimilisC (*S.dysgalactiae* subsp. *equisimilis*)	β	CavalosAbscessos mastitevagina Suínos, bovinos Doenças supurativas cães, aves	, endometrite,	Pele,
S. equiC (*S. equi* subespécie *equi*)	β	Cavalos , doenças, **púrpura hemorrágica** bolsa	**Estrangulamento**, gutural	supurativoURT
S. zooepidemicusC (*S. equi* subespécie *zooepidemicus*)	β	CavalosMastite infecções navaismembranas Bovinos, cordeirosMastite supurativaPele , suínos, aves de capoeira condições m.m.	, pneumonia,	Mucosa
Enterococcus faecalisD	α(β' γ)	Muitas spp.	Condições supurativas	Intestino
S. suisD	a(β)	Suínos Septicemia, **meningite**, artrite, broncopneumonia, cavidade nasal Bovinos, Condições supurativas Ovelhas, cavalos, gatos Homem Septicemia, meningite		amígdalas,
S. porcinusE	β	SuínosSubmandibularmuco Linfadenitismo-membranas		
S. canisG	β	Carnívoros Septicemia neonatal, condições supurativas, **síndrome do choque tóxico** da mucosa anal		Vagina
*S. uberis*Não atribuído	a(γ)	Bovinos vagina, amígdalas	**Mastite**	Pele,
S. pneumoniae Não atribuído	a	Homem, primatasmeningite Porquinhos-da-índia, Ratos	Septicemia, pneumonia Pneumonia	URT

Infecções clínicas:

• Estes (*S. agalactiae, S. dysgalactiae* e *S. uberis*) causam **mastite bovina** em animais leiteiros.

• *O Peptostreptococcus indolicus* é um estreptococo **anaeróbio** e causa da **"mastite de verão"** bovina em associação com um anaeróbio facultativo *Arcanobacterium pyogenes*.

• *A S. equi* subespécie *equi* causa **o estrangulamento** (infeção aguda)/**estrangulamento bastardo** (com abcessos em muitos órgãos) e **a doença articular dos potros** (infeção crónica) nos cavalos. É também uma causa de artrite, pneumonia e enterite.

• *S. suis* causa **endocardite, septicemia** e **meningite** em suínos.

• Nas aves de capoeira, causa pneumonia devido a uma variedade de estirpes.

- Em geral, as espécies de *Streptococcus* causam infecções piogénicas, enquanto as espécies de *Enterococcus* são agentes patogénicos oportunistas. (os enterococos diferem dos estreptococos porque podem tolerar sais biliares e crescem no MLA como colónias vermelhas e pontiagudas e alguns isolados são móveis)

Diagnóstico:

- As amostras a recolher incluem pus no caso do estrangulamento, líquido articular na artrite, leite na mastite, sangue na septicemia e esfregaços meníngeos na meningite.
- **Demonstração** através da coloração de Gram do esfregaço diretamente, o leite pode ser corado com a coloração de Newman.
- **Isolamento** em meios enriquecidos (B.A.). As colónias são semelhantes a gotas de orvalho em meios sólidos. Também se observa uma variação das colónias (lisas, rugosas).
- **Identificação**: Através de testes bioquímicos para a caraterização da bactéria. O teste **CAMP** também pode ser utilizado para o diagnóstico de *Streptococcus agalactiae*.

Espécies de *Staphylococcus*

M.N.Hassan, Z. A. Kashoo

Semelhanças com os estreptococos

- Cocos Gram-positivos (cerca de 1µm de diâmetro)
- Não-móvel
- Não formador de esporos
- Facultativamente anaeróbio
- Fermentativo no teste O-F (em comparação com *Micrococcus* que é oxidativo)
- Oxidase -ve (*Micrococcus* é positivo no teste da oxidase modificado)
- Resistente à bacitracina (0,04 unidades de disco), enquanto *Micrococcus* é sensível
- Organismos **piogénicos** que causam lesões supurativas.

Diferenças em relação aos estreptococos

- Os estafilococos podem desenvolver-se em meios **não enriquecidos** (ágar nutriente)
- Pode **suportar 5-10% de NaCl** (o ágar-sal de manitol tem 7,5% de NaCl)
- *O* **ágar-sal de manitol** e o meio de **Baird-Parker** são utilizados como meios selectivos (**meio de Edwards** para *Streptococcus*). *O Staph. aureus* produz colónias **de cor amarela dourada** no ágar-sal de manitol e torna o meio amarelo devido à fermentação do manitol, enquanto *o Staph. epidermidis* não fermenta o manitol e torna o meio rosa. No meio Baird-Parker, *o Staph. aureus* produz colónias **de cor preta** devido à redução do **telurito**.
- **Não pode crescer no MLA** (*Enterococcus* pode crescer no MLA com colónias vermelhas pontiagudas)
- O tamanho das colónias é grande, opaco **até 4 mm** (*Streptococcus* pequeno, translúcido <1 mm)
- Os cocos **dividem-se em mais do que um plano**, pelo que formam **cachos que se assemelham a cachos de uvas**
- **Catalase +ve** (*Streptococcus* é -ve)
- **Coagulase variável, ou seja, ±** (*Streptococcus* é -ve)

J **Os coagulase positivos são patogénicos**, ou seja, *Staph. aureus, Staph. intermedius, Staph. hyicus, Staph. aureus* subsp. *anaerobius* (anaeróbio) *Staph. delphini, Staph. schleiferi* subsp. *coagulans*

J **Os estafilococos cagulase-negativos (ECN) não são patogénicos**, ou seja, *Staph. arlettae* (cabras, aves de capoeira), *Staph. capitis* (leite de vaca), *Staph. caprae* (cabras), *Staph. caseolyticus* (leite de vaca), *Staph. chromogenes* (leite de vaca), *Staph. cohini* (leite de vaca), *Staph. epiderimidis* (leite de vaca, cães, cavalos), *Staph. equorum* (cavalos), *Staph. felis* (gatos), *Staph. gallinarum* (aves de capoeira), *Staph. haemolyticus* (leite de vaca), *Staph. hominis* (leite de vaca), *Staph. lentus* (suínos), *Staph. saprophyticus* (gatos), *Staph. sciuri* (gatos), *Staph. simulans* (leite de bovino), *Staph.* warneri (leite de bovino), *Staph. xylosus* (leite de bovino e ovino)

- **O padrão de hemólise** é diferente, ou seja, **"-completo, β-parcial** (a designação é invertida em strept.)
- **Resistente à dessecação** (*o Streptococcus* é sensível)
- **O pus produzido tem uma consistência espessa** (fina nos esterptococos devido à

estreptodornase)

Factores de Virulência:

A patogenicidade está associada a factores de virulência como

J <u>**Exoenzimas**</u> (**coagulase**, lipase, esterases, elastases, **estafilocinase**, DNase, **hialuronidase** (fator de espalhamento, diferente do produzido pelo *Streptococcus*), penicilinase)

J <u>**Exotoxinas**</u> (leucocidina, toxina **alfa** (toxina principal na produção de **mastite gangrenosa** que provoca a contração dos músculos lisos), **toxina beta/β-hemolisina (esfingomielinase), toxina esfoliativa (doença do porco gorduroso), toxinas da síndrome do choque tóxico (TSST), enterotoxinas)**

J <u>**Estruturas da superfície celular**</u> (**cápsula polissacárida, ácido tecóico, proteína A**, todos os três **interferem na opsonização e subsequente fagocitose**, peptidoglicano, proteína de ligação à fibronectina, proteína de ligação ao fibrinogénio e proteínas de ligação ao colagénio)

Patogénese e Patogenicidade:

<u>Os estafilococos coagulase positivos e a sua importância clínica são os seguintes</u>

Espécies]	Custos	Condições clínicas
1. ***Staph. aureus***	**Bovinos**	**Mastite gangrenosa**, impetigo do úbere
	Ovinos	Mastite
	Cabras	**Piemia da carraça (borregos)**
	Porcos	Foliculite benigna
	Cavalos	Dermatite
	Cães,	Matite
	Gatos	Dermatite
	Aves de	**Botryomycosis das glândulas mamárias**
	capoeira	Impetigo nas glândulas mamárias
		Cordão escamoso (botriomicose do cordão espermático), mastite
		Condições supurativas semelhantes às causadas por *Staph. intermedius*
		Artrite e septicemia em perus
		Pé de galinha
		Onfalite (inflamação do saco vitelino) em pintos
2. *Staph. intermedius*	Cães Gatos Gado	**Pioderma**, endometrite, cistite, **otite externa** e outras condições supurativas
		Várias condições piogénicas
		Mastite (raro)
3. ***Staph. hyicus***	**Porcos**	**Epidermite exsudativa (doença do porco gorduroso)**
	Gado	Mastite (raro)
4. *Staph. aureus* subsp. *anaerobius*	Ovinos	Linfadenite
5. *Staph. delphini*	Golfinhos	Lesões cutâneas supurativas
6. *Staph. schleiferi* subsp. *coagulans*	Cães	Otite externa

As infecções endógenas são as mais frequentes, mas também ocorrem infecções exógenas. *O Staphylococcus* é responsável por infecções supurativas de feridas e septicemia em todos os animais.

- *O Staph. aureus* é a causa da **mastite bovina**, que pode ser aguda, mas mais frequentemente é crónica e subclínica. As enterotoxinas são responsáveis pela intoxicação alimentar. A lesão granulomatosa crónica no úbere é designada por "**Botryomycosis**", observada em porcas. **A piemia da carraça** nos borregos deve-se à picada da carraça *Ixodes ricinus*, que também é um vetor do **agente rickettsial** (*Ehrlichia phagocytophila*) da febre da carraça, causando imunossupressão e um importante fator predisponente da doença.

Diagnóstico

- As amostras incluem esfregaços de pus, tecido afetado ou amostras de leite
- Demonstração pelo método de coloração de Gram
- O isolamento pode ser efectuado de forma muito conveniente em ágar sangue. As colónias aparecem em 24 h. A hemólise de zona dupla (hemólise alvo) dá um diagnóstico presuntivo de *Staph. aureus*. O ágar-sal de manitol pode ser utilizado como meio seletivo. A fagotipagem também é importante nas infecções estafilocócicas.

Capítulo n.º 3

Espécies de *Bacillus*

Shaheen Farooq, G.A. Badroo, Z. A.Kashoo, Sabia Qureshi

Bastonetes grandes, Gram-positivos, formadores de esporos (3-10 μm),

Catalase positiva, aeróbia/facultativa anaeróbia, **móvel** (exceto *B. anthracis* e *B. mycoides*),

A maioria das espécies são saprófitas que ocorrem habitualmente como contaminantes.

A espécie mais patogénica *de B. anthracis.*

Outras espécies: *B. cereus, B. piliformis (atualmente Clostridium piliforme) não é cultivável em meio artificial, B. licheniformis.*

Não patogénicos: *B. subtilis, B. mycoides, B. megaterium*, etc.

Habitat:

Na sua maioria saprófitas, estão amplamente distribuídas no ar, no solo e na água. Os esporos são extremamente resistentes à secagem, ao calor, ao frio e aos desinfectantes e podem sobreviver mais de 50 anos no solo.

Bacillus anthracis

Causa o **carbúnculo** - uma importante infeção zoonótica. Uma doença grave que afecta praticamente todas as espécies de mamíferos. As aves são totalmente resistentes. Doença endémica na Índia.

Transmissão: O solo é a fonte de infeção para os herbívoros. Pastoreio em pastagens contaminadas, ingestão de água de charcos, infeção de feridas, insectos sugadores de sangue. Menos frequentemente por inalação. A esporulação contribui para a persistência e a propagação da infeção.

Factores de virulência: Dois factores principais codificados por plasmídeos: Cápsula e Toxina (composta por três factores: fator de edema, antigénio protetor e fator letal) (A patogénese e o modo de ação dos factores de virulência serão discutidos na aula).

Sinais clínicos: 2 formas: a forma cutânea é geralmente observada em seres humanos, coelhos, suínos e cavalos A forma septicémica pode surgir a partir de infecções cutâneas, orofaríngeas, do TGI e pulmonares. As alterações clínicas e patológicas variam consoante a espécie animal afetada, a dose de provocação e a via de infeção (**a discutir na aula**).

Diagnóstico:

- Baseia-se em sinais clínicos e no exame ante-mortem.
- Carcaça não aberta. Preparar esfregaços de sangue a partir do sangue retirado da orelha ou da veia caudal. A zona cortada é imediatamente coberta com algodão embebido em álcool. O líquido peritoneal é mais útil nos suínos.
- **Microscopia direta:** para demonstração da cápsula e dos bacilos tipicamente de extremidade quadrada. **Reação** de **McFadyean** para a cápsula (coloração com Giemsa/azul de metileno policromado)
- **Isolamento e identificação do organismo:** Inoculação em ágar-sangue e ágar-lactose MacConkey com amostras suspeitas. As amostras contaminadas são homogeneizadas em solução salina e aquecidas a 70°C, filtradas, centrifugadas e depois inoculadas. O ágar **PLET** (polimixina B, lisozima, EDTA, sulfato de talo) é utilizado como meio seletivo. Os organismos têm de ser diferenciados de outros *Bacillus* spp. relacionados (**antracoides**) (**para caracteres pormenorizados, consultar o manual prático**).
- Inoculação animal: efectuada apenas se subsistirem dúvidas quanto à identidade do organismo. Uma suspensão ligeira de *B. anthracis* colocada na área escarificada na base da

cauda do rato é fatal.

- Lise de *B. anthracis* mediada por fagos gama.
- Teste do fio de pérolas.
- **Teste de Ascoli:** um teste de termoprecipitação utilizado quando não são detectados organismos viáveis nos tecidos/pele.
- Testes serológicos, nomeadamente AGID, CFT e ELISA: falta de especificidade e sensibilidade.
- PCR e sondas de ADN direcionadas para os genes de virulência.

Tratamento :

Doses elevadas de penicilinas, tetraciclina, quinolonas, etc., iniciadas o mais cedo possível.

Controlo:

1. Carcaças não abertas. Doença de declaração obrigatória.

2. Nas regiões endémicas, é aconselhável a vacinação anual de bovinos e ovinos. Vacina de esporos viáveis (**estirpe Sterne**) administrada um mês antes dos surtos previstos.

3. Em regiões não endémicas: Após os surtos: Proibir a circulação de animais e respectivos produtos a partir das zonas afectadas.

4. Usar vestuário de proteção e fatos-macaco.

5. instalação de pedilúvios à entrada das explorações afectadas.

6. Fumigação dos edifícios afectados após a remoção da roupa de cama e dos acessórios perdidos.

7. Eliminação das carcaças por incineração ou enterramento profundo sob uma camada de cal não apagada.

Aspectos de saúde pública:

As infecções humanas derivam de animais e ocorrem através de abrasões da pele e do mm (a lesão habitual é o desenvolvimento de uma pústula/carbúnculo maligno (uma área localizada de inflamação coberta por uma crosta negra)

e por inalação (**doença do classificador de lã** em pessoas que trabalham em fábricas de lã - uma doença aguda e grave com hemorragias e edema nos pulmões e gânglios linfáticos. Pode desenvolver-se septicemia).

Incidência da doença elevada entre os manipuladores de animais infectados, produtos de origem animal e carcaças.

Outras espécies de *Bacillus*:

8. cereus : mastite bovina e aborto em vacas e ovelhas. Nos seres humanos, tem sido implicado em intoxicações alimentares devido a enterotoxinas.

9. licheniformis: Abortos ocasionais em bovinos e búfalos.

10. subtilis: conjuntivite ocasional, iriodociclite, septicemia, endocardite, infecções respiratórias e intoxicação alimentar em seres humanos.

11. stearothermophilus: esporos utilizados para testar a eficácia da esterilização em autoclave e outros procedimentos de esterilização.

Capítulo n.º 4

Clostridium

M. I. Hussain, Z. A.Kashoo, Sabia Qureshi, G.A. Badroo

- Bastonetes grandes, Gram positivos, de natureza fermentativa,
- Todos requerem meios enriquecidos.
- A maioria é anaeróbia, mas algumas são aerotolerantes.
- A maioria é móvel por flagelos peritríquios, exceto *C. perfringens*.
- Produzem esporos que aumentam a célula-mãe.
- Catalase negativa e oxidase negativa.

Todos produzem **exotoxinas** importantes que são responsáveis pela sua patogénese.

Os clostrídios patogénicos são classificados em **quatro categorias**, consoante a **atividade da toxina** e **os tecidos afectados**:

A. **Neurotóxico**
B. **Histotóxico**
C. **Enteropatogénico**
D. **outros Clostridia**

Habitat: Distribuição mundial. Ocorrem como saprófitas no solo e em áreas de baixo potencial redox. Também ocorrem como parte da flora intestinal. Alguns são sequestrados como endosporos nos músculos ou no fígado.

A. Closridia neurotóxica (*Clostridium tetani* e *Clostridium botulinum*)

Produzem neurotoxinas potentes e são de natureza não invasiva.

1. *C. tetani*: bastonetes rectos e delgados, anaeróbios, Gram positivos. Os endosporos esféricos são terminais e incham as células-mãe (aspeto de baqueta). Os esporos são resistentes a produtos químicos e à fervura, mas morrem com a autoclavagem.

Em ágar-sangue, os organismos produzem um crescimento em enxame e são hemolíticos.

11 estirpes com base nos antigénios flagelares e diferem na capacidade de produzir toxinas.

Habitat: Solo contaminado por fezes. Os organismos estão presentes de forma transitória nos intestinos **Doença:** Tétano - uma intoxicação potencialmente fatal que afecta muitas espécies animais, incluindo os seres humanos. A doença ocorre por inoculação de esporos de C. tetani numa ferida traumática (feridas penetrantes ou abrasões, incisões cirúrgicas, feridas de castração e de marcação, locais de injeção, infecções uterinas pós-parto, etc.). São necessários níveis reduzidos de oxigénio resultantes da necrose. A presença de outros organismos cria um ambiente anaeróbico no qual os esporos de Ct germinam e produzem toxina.

Doença observada frequentemente em cavalos, menos frequentemente noutros herbívoros e raramente em suínos. Carnívoros comparativamente resistentes. Aves de capoeira não susceptíveis.

Factores de virulência e patogénese: Duas exotoxinas importantes: a tetanolisina (uma hemolisina) e a tetanospasmina (uma neurotoxina). (O modo de ação e a patogénese serão discutidos na aula).

Sinais clínicos: Período de incubação de alguns dias a várias semanas. Os efeitos clínicos da neurotoxina são semelhantes em todas as espécies animais, mas a gravidade da doença depende do local anatómico de multiplicação da bactéria, da quantidade de toxina e da espécie afetada. O tétano descendente é tipicamente observado em espécies altamente susceptíveis, nas quais a toxina é disseminada através de canais vasculares para as terminações nervosas e a toxina entra no SNC através de muitos canais, conduzindo assim ao tétano generalizado. O tétano ascendente é o tétano localizado, observado em espécies menos susceptíveis, como os cães, e que provoca rigidez e espasmo dos músculos na área das terminações nervosas localizadas afectadas.

Geralmente, há rigidez muscular, espasmos, alteração da frequência cardíaca e respiratória. Os espasmos tetânicos são observados pela primeira vez em resposta a estímulos e depois ocorrem permanentemente. Os espasmos dos músculos mastigatórios conduzem a um estado de Lockjaw. Aparência de cavalo de serra devido a doença generalizada.

Diagnóstico: Os sinais clínicos e a história de traumatismo ou lesão dão um diagnóstico presuntivo.

A presença de Ct (aspeto de baqueta de tambor) em esfregaços da lesão corados pelo Gram, mas a sua ausência, não exclui o tétano.

Demonstração da neurotoxina no soro de animais afectados por inoculação no rato.

Isolamento do Ct, mas geralmente sem êxito.

2. *Clostridium botulinum*: bastonetes rectos, produz esporos ovais e subterminais em pH neutro a ligeiramente alcalino. 8 neurotoxinas diferentes são produzidas pelos tipos A-G. As toxinas têm uma atividade idêntica, mas diferem em termos de potência, distribuição e antigenicidade.

Habitat: Os esporos estão amplamente distribuídos, mas de forma desigual, nos solos e no ambiente aquático em todo o mundo. A germinação de esporos com produção de toxinas ocorre em condições anaeróbicas, por exemplo, carne/peixe/legumes enlatados, carcaças de animais, vegetação em decomposição, etc.

Doença: O botulismo é essencialmente uma intoxicação alimentar causada pela ingestão de alimentos carregados de toxinas. No entanto, a doença também pode ocorrer devido a uma toxico-infeção em que os Cb produtores de toxinas colonizam o intestino ou as feridas.

A doença nos animais é conhecida por vários nomes, como tifo espinal e síndroma do potro Shaker nos cavalos, Lamsiekte (África do Sul), doença do lombo (EUA) e paralisia bulbar contagiosa (Austrália) nos bovinos; Limberneck, envenenamento por álcalis e doença do pato d'água nas aves aquáticas.

Os surtos de doenças ocorrem mais frequentemente em galinhas-d'água (mais susceptíveis), bovinos, equinos, ovinos, martas e aves de capoeira. Os suínos e os cães são relativamente resistentes.

Fontes de transmissão: Silagem de má qualidade contendo roedores mortos, utilização de camas de aves de capoeira ensiladas contaminadas utilizadas como cama ou em pastagens. A pica pode induzir os herbívoros a comer ossos/carcaças de animais infectados.

A carne crua/carcaças contaminadas é a fonte dos carnívoros,

A vegetação em decomposição/invertebrados durante o verão é uma fonte para as aves aquáticas.

Toxinas: A toxina botulínica é a mais potente das toxinas conhecidas na Terra. (Patogénese a ser discutida na aula)

Os esporos de Cb ingeridos são normalmente excretados nas fezes, mas por vezes podem germinar no intestino, produzir uma toxina que é absorvida e produz sintomas. Esta situação é particularmente observada em cavalos e é designada por síndroma do potro Shaker.

Sinais clínicos: Dilatação das pupilas, diminuição da salivação, flacidez da língua, disfagia, incoordenação e articulação dos membros inferiores seguida de decúbito. Os animais permanecem alerta e a temperatura corporal é normal. Respiração abdominal devido a paralisia dos músculos respiratórios e morte.

Nas aves; paralisia flácida progressiva dos músculos das pernas e das asas. A paralisia dos músculos do pescoço leva à queda do pescoço (limberneck) e à morte por afogamento.

Diagnóstico: As carcaças devem ser manuseadas com precaução, uma vez que podem estar presentes grandes quantidades de neurotoxinas.

Diagnóstico presuntivo por sinais clínicos e exposição a alimentos contaminados.

Isolamento em ágar-sangue: colónias hemolíticas, crescimento plano, rugoso ou em forma de película.

PCR e sondas de ácido nucleico para o gene da toxina.

ELISA para a deteção de toxinas.

Ensaio de neutralização da toxina em ratinhos.

Demonstração da toxina em animais ou alimentos afectados através do teste de inoculação no rato. A injeção i/v leva ao desenvolvimento do aspeto caraterístico da cintura de vespa devido à paralisia dos músculos respiratórios.

Tratamento: Utilização terapêutica de fármacos que aumentam a libertação de neurotransmissores; soro polivalente (mas a disponibilidade é questionável); bons cuidados de enfermagem.

Controlo: Evitar alimentos suspeitos; Boa nutrição para evitar a pica; Vacinação.

Riscos para a saúde pública: Botulismo causado por carne/marisco/legumes enlatados conservados de forma incorrecta. Há visão turva, paralisia faríngea e respiratória. Pode ocorrer a morte (18 dias) ou uma recuperação lenta (6-8 meses). Importante perigo de bioterrorismo.

B. Clostridia histotóxica (*C. choevoei*, *C. septicum*, *C. novyii*, *C. perferingens*)

Produzem toxinas menos potentes do que o grupo neurotóxico, mas são invasivas. Inclui clostrídios produtores de gangrena gasosa. São grandes bactérias Gram-positivas formadoras de esporos que produzem pelo menos uma hemmolisina. Persistem no solo durante longos períodos.

A infeção pode ser exógena (edema maligno e gangrena gasosa) ou endógena (perna negra, hepatite necrótica infecciosa e hemoglobinúria bacilar). (A patogénese será discutida na aula)

Classificados em geral em 2 grupos:

A) **Clostridia gangrena gasosa** b) **Clostridia que afecta o fígado**.

Gangrena gasosa clostridia : Distribuídos em todo o mundo. As doenças produzidas vão desde a simples infeção de feridas, passando pela celulite infecciosa, até à gangrena gasosa grave e fatal.

1. *C. chauvoei*:

Altamente móvel. O seu principal habitat é o trato intestinal dos tecidos dos animais.

Afecta os vitelos e os ovinos.

Toxinas produzidas: Alfa, beta, gama e delta (o modo de ação será discutido na aula) Doença: Quarto negro ou pata negra ou mal de quarto. Doença aguda registada em todo o mundo.

A fonte de infeção é geralmente endógena. Os esporos alojados nos músculos são activados na sequência de traumatismos ou lesões. Nos ovinos, a fonte pode ser exógena ou endógena.

Sinais clínicos: Morte súbita, especialmente quando os músculos cardíacos estão envolvidos. Pode haver aumento da temperatura, inchaço dos músculos do quarto traseiro. Os músculos parecem secos e esponjosos com pequenas bolhas de gás. Odor doce e rançoso. Os músculos são vermelho-escuros a negros. Crepitação.

2. *C. septicum*:

Habitat: solo e intestino dos animais.

Toxinas: Alfa, beta, gama e delta (o modo de ação será discutido na aula)

Doenças: Bovinos, ovinos e suínos: Edema maligno.

Ovelhas: Braxy

Origem: Exógena através de contaminação da ferida.

Cl. Sinais; Febre, inchaço macio e edematoso à volta da ferida, que se espalha para os músculos, o inchaço está molhado com um grande líquido com mau cheiro e gás. Músculos de vermelho escuro a preto. Mínimo de gangrena. Pode ocorrer depressão e prostração devido ao efeito generalizado da toxemia. Morte se as lesões forem extensas.

Ovinos; Braxy (Abomasite)

Origem: Endógena a partir dos esporos no abomaso.

A doença é observada nos meses de inverno, quando há fortes geadas e neve. As gramíneas congeladas provocam uma desvitalização localizada no abomaso, no ponto de contacto com o rúmen. Assim, o C septicum invade, multiplica-se e produz toxina. A doença tem uma evolução rápida. Morte súbita. Os animais afectados podem apresentar depressão, anorexia e pirexia.

3. *C. novyi* tipo A

Origem: solo e intestino dos animais.

Toxina principal: Toxina alfa que é necrotizante e letal.

Doença produzida:

Doença da cabeça grande: em carneiros jovens. A infeção ocorre através de feridas provocadas por lutas. Há desenvolvimento de inchaço edematoso dos tecidos da cabeça, da face e do pescoço. A morte pode ser rápida.

Gangrena gasosa em bovinos e ovinos: Infeção adquirida através de feridas, há uma extensa invasão bacteriana do tecido muscular danificado. Sente-se crepitação nos músculos afectados. As caraterísticas clínicas são semelhantes às do edema maligno.

4. *C. sordelli*: produz gangrena gasosa em bovinos e ovinos. Origem: através de feridas. Produz toxinas alfa e beta. Produz também miosite em bovinos, ovinos e equinos e abomasite em cordeiros.

5. *C. perfringens* tipo **A**: Afecta o homem e os cães. A origem é através de feridas/acidentes rodoviários. Provoca gangrena gasosa. A toxina principal é a toxina alfa.

Clostridia que afecta o fígado:

1. *C. novyi* tipo B:

Habitat : solo e intestino dos animais.

Toxinas principais: α e β

Hospedeiro: ovinos. Ocasionalmente, bovinos.

Doença: Doença negra (hepatite necrótica infecciosa).

Doença aguda que afecta o xepa. Há necrose hepática devido às xotoxinas de organismos que se replicam no tecido hepático danificado pela Fasciola hepatica imatura ou outros parasitas migratórios. Descoloração escura da pele devido a uma forte congestão subcutânea.

2. *C. haemolyticum* (anteriormente conhecido como *C. novyi* tipo **D**):

Doença Hemoglobinúria bacilar (doença das águas vermelhas) em bovinos e, ocasionalmente, em ovinos. A patogénese é semelhante à da INH. Os organismos produzem grandes quantidades de toxina β que é letal, necrotizante e fortemente hemolítica. Produz também as toxinas theta e eta.

Diagnóstico de Clostridia histotóxica:

1. FAT utilizando anti-soros específicos marcados com fluoresceína disponíveis no mercado contra os clostrídios respectivos. Esfregaços preparados a partir de tecidos afectados.

2. Esfregaços de impressão com coloração de Gram:

C chauvoei: Esporos ovais, sub-terminais, com formas típicas em forma de limão.

C septicum : Formas longas e filamentosas. Esporos ovais e subterminais.

C novyi tipo A: bastonetes grandes com esporos ovais/cilíndricos, subterminais.

3. Isolamento: Ágar sangue de carneiro com extrato de fígado para *C. chauvoei*; BA rígido para *C. tetani* e BA normal para *C. septicum* e *C. sordelli*; BA normal para *C perfringens* e *C novyi* A. Incubar a 37°C num ambiente de anaerobiose rigorosa com 10% de CO_2 durante 2-3 dias. O *C. perfringens* apresenta tipicamente uma **"hemólise em alvo"** caracterizada por uma zona central de hemólise completa rodeada por uma zona de hemólise incompleta.

4. *C. novyi* B e *C. haemolyticum* são muito exigentes em termos de anaerobiose e nutrição. É utilizado **o meio de Moore**. Os organismos morrem se forem expostos ao ar durante 15 minutos.

5. Teste bioquímico: **Consultar os manuais práticos.** O *C perfringens* apresenta especificamente **a reação de Nagler** (um teste de neutralização em placa que identifica a toxina α do *C perfringens* que tem uma atividade de lecitinase) e **a reação de CAMP** (um fator difusível produzido pelo *S agalactiae* aumenta a hemólise parcial da toxina α do *Clostridium perfringens*).

6. PCR para *C. chauveoi*

7. Inoculação animal para clostridia que afecta o fígado. A presença de toxina nos fígados dos animais afectados foi demonstrada por inoculação i/m de homogenatos de fígado em cobaias. Estes últimos morrem em 2-3 dias.

Tratamento e controlo: O tratamento é geralmente ineficaz. Pode tentar-se a penicilina e outros antibióticos. Uma vez que a doença tem uma evolução rápida e é fatal, recorre-se à vacinação utilizando uma suspensão bacteriana morta, quer como uma única spp. quer como multicomponente, dependendo da spp. prevalecente. Os animais são vacinados aos 3 meses, reforçados após 3 semanas e depois anualmente.

C. Clostridia enteropatogénica e produtora de enterotoxemia

C. perfringens causa várias condições enterotoxémicas nos animais e no homem.

Trata-se de um bastonete Gram positivo curto, rechonchudo, não móvel, capsulado em tecidos iónicos. Os esporos são ovais, subterminais e salientes, mas raramente produzidos. Não é necessária uma anaerobiose rigorosa para o seu crescimento. O organismo produziu diferentes condições de doença que diferem em manifestações clínicas, dependendo do tipo de cp envolvido e da toxina específica produzida por esse tipo.

Organismos divididos em 5 tipos (A, B, C, D e E) com base na capacidade de produzir as principais toxinas.

Habitat: Solo, esgotos, fezes, água, alimentos e trato intestinal.

Toxinas produzidas: São produzidas 4 toxinas principais (alfa, beta, épsilon e iota) e pelo menos 8 toxinas secundárias (kappa, enterotoxina, mu, delta e theta, citotoxina). (O MOA e a patogénese serão discutidos na aula).

As enterotoxemias são geralmente precipitadas por certas práticas de gestão como comer em excesso, mudança súbita de dieta particularmente para uma dieta rica em energia). O excesso de hidratos de carbono no intestino proporciona um ambiente adequado para a proliferação de organismos. O excesso de hidratos de carbono no intestino proporciona um ambiente adequado para a proliferação de organismos e a produção de toxinas.

Doenças produzidas:

C. perfringens Tipo A ;

Toxinas: enterotoxina e toxina α*

Doença: Principalmente associada a gangrena gasosa em seres humanos e animais domésticos; e intoxicação alimentar em seres humanos. Também está implicada na iterícia enterotoxémica dos cordeiros (doença do cordeiro amarelo), na enrterocolite necrosante dos leitões, na enterite necrótica dos pintos de carne, na enterite hemorrágica dos caninos e na tifocolite dos cavalos.

C. perfringens Tipo B:

Toxinas: toxinas β*, a, e ε.

Os organismos produzem disenteria dos cordeiros - uma enterotoxemia hemorrágica fatal dos cordeiros com menos de 3 semanas de idade. Morbilidade até 30% e mortalidade até 100%. Os borregos apresentam distensão abdominal. Dor e fezes manchadas de sangue. (a patogénese será discutida na aula).

Os organismos do tipo B podem, muito ocasionalmente, causar enterotoxemia em vitelos e potros.

C. perfringens Tipo C:

Ocorrem em todo o mundo. Toxinas produzidas: β*, a, e enterotoxinas.

Doenças:

Atingido em ovinos e caprinos adultos. Mortes súbitas devido a enterotoxemia.

Enterotoxemia hemorrágica (enterite clostridial) em leitões e pintos de carne.

C. perfringens Tipo D:

Toxinas: toxinas a e ε*.

Doença:

Doença dos rins pulposos: é uma doença que ocorre em ovinos em todo o mundo. Todas as idades são afectadas, exceto os neonatos. Também chamada de doença da alimentação excessiva. (a patogénese será discutida na aula).

Curso breve. Os borregos são frequentemente encontrados mortos. Há embotamento, convulsões e coma terminal. Edema do cérebro, encefalomelacia e sinais nervosos (cegueira, pressão na cabeça), hiperglicemia e glicosúria. Rápida autólise post mortem que leva ao amolecimento da cortical pulposa dos rins (daí o nome da doença)

Também provoca enterotoxemia em vitelos e cabras.

C. perfringens Tipo E:

Toxinas: iota (i)* e alfa.

Provoca enterite nos coelhos e enterite hemorrágica nos vitelos.

Diagnóstico de *C. perfringens*/ enterotoxemia:

• Historial de mortes súbitas em animais não vacinados, particularmente após mudança de dieta ou dieta rica.

• Lesões post-mortem em animais mortos recentemente, por exemplo, encefalomelacia e rim polpudo.

• Os esfregaços diretos da mucosa do intestino de animais recentemente mortos revelam um grande número de bastonetes gram positivos curtos e rechonchudos.

- Demonstração de toxinas no intestino delgado por inoculação i/v em ratinhos.
- Identificação de toxinas por teste de neutralização com antitoxina específica.
- ELISA
- PCR
- Isolamento de organismos em ágar sangue: colónias lisas, redondas e brilhantes com hemólise alvo. Reação positiva de Nagler, teste CAMP e reação de coágulo de Stormy.

Tratamento e controlo : A evolução da doença é demasiado rápida para ser tratada.

Pode ser administrada antitoxina aos animais afectados e em risco.

Evitar comer em excesso.

Imunização ativa das mães com o toxoide antes da paturição.

Diversos/outras doenças causadas por Clostridial:

O C. piliforme (anteriormente designado por *Bacillus piliformis*) provoca uma hepatite necrótica grave (doença de Tyzzer) em ratos/potros.

C. difficile: Diarreia crónica em cães e enterocolite hemorrágica em potros recém-nascidos. Também associada a colite/enterocolite aguda após terapia antibiótica prolongada em cavalos, coelhos, porquinhos-da-índia e humanos.

C. spiroforme: morfologia enrolada atípica. Causa enterite espontânea e induzida por antibióticos em coelhos.

C colinum: enterite nas codornizes (doença das codornizes), galinhas e perus.

Capítulo n.º 5
Corynebacterium
Sabia Qureshi, M.I. Hussain, Gulzar A. Badroo, Z. A. Kashoo

As Corynebacterium spp. são pequenos bastonetes pleomórficos Gram-positivos com protuberâncias em forma de taco numa ou em ambas as extremidades. São aeróbios ou anaeróbios facultativos. Não são capsulados, não formam esporos e não são móveis. São catalase positivos. O aspeto caraterístico é a presença de **grânulos metacromáticos**, que podem ser demonstrados pela coloração com azul de metileno. Durante a divisão, as células filhas podem permanecer ligadas num dos lados, resultando em arranjos em L e V que são referidos como "letras chinesas". *A C. diphtheriae* é o organismo patogénico nos seres humanos.

Grupo *Corynebacterium renale*
Existem três tipos imunológicos de *C. renale*: tipo I, II e III. O tipo I é *C. renale*, o tipo II *C. pilosum* e o tipo III *C. cystitidis*. Podem ser distinguidos por testes bioquímicos.

C. renale causa cistite, ureterite e pielonefrite em vacas e abcessos renais. *O C. cystitidis e o C. pilosum* também provocam cistite e pielonefrite nas vacas.

O diagnóstico pode ser feito através do exame direto de esfregaços corados com gram de urina purulenta. O diagnóstico definitivo depende do isolamento e da identificação. Pode ser tentado o isolamento em ágar sangue, telurito de potássio como meio seletivo para o isolamento de Corynebacteria.

Corynebacterium pseudotuberculosis (C. ovis)
O Corynebacterium pseudotuberculosis causa linfadenite caseosa em ovinos e caprinos, abcessos e linfadenite crónica em ruminantes selvagens, camelos e, raramente, em bovinos e humanos. *A C. psedotuberculosis* é um parasita intracelular facultativo. A infeção propaga-se através dos linfáticos. O pus é verde, caseoso e está disposto em camadas concêntricas em forma de cebola nos gânglios linfáticos. A linfangite ulcerativa em cavalos e mulas aparece como nódulos que envolvem mais frequentemente os linfáticos superficiais à volta dos boletos. O organismo entra através de lesões e a doença é frequentemente crónica e de longa duração.

O isolamento e a cultura em ágar sangue mostram inicialmente colónias pequenas, mas após vários dias de incubação aumentam para 3-4 mm de diâmetro e tornam-se secas e friáveis. A hemólise completa é normalmente observada no ágar-sangue. O teste CAMP pode ser utilizado para a identificação.

Arcanobacterium pyogenes (Actinomyces pyogenes, Corynebacterium pyogenes)
É um comensal comum na membrana mucosa da nasofaringe de bovinos, ovinos e suínos. É eliminado de úberes aparentemente normais e frequentemente das amígdalas e dos gânglios linfáticos retrofaríngeos. Podem ocorrer abcessos de vários tamanhos com formação de cápsulas fibrosas. É um organismo piogénico muito importante dos bovinos, ovinos e suínos. Causa mastite crónica abcedante em vacas, artrite séptica, endocardite, endometrite, etc., etc. Os grânulos metacromáticos não são tão frequentes como os de outras *Corynebacterium*, pelo que é retirado do grupo *das Corynebacterium*

Rhodococcus equi (Corynebacterium equi)
O Rhodococcus equi é um organismo Gram-positivo; apresenta-se sob as formas cocóide e cocco-bacilar, é transmitido pelo solo e está frequentemente presente no estrume. Está presente no intestino dos cavalos e persiste durante longos períodos na cama dos estábulos. A

doença causada pelo *R. equi* é a broncopneumonia supurativa nos potros. É uma causa comum de linfadenite submandibular e cervical em suínos. Há formação de abcessos nos pulmões e nos gânglios linfáticos de outros animais e de seres humanos. Ocasionalmente, provoca abortos em éguas. O organismo cresce bem em ágar sangue aerobicamente a 37° C. Em 48 horas, as colónias são lisas, mucóides, translúcidas e têm 3-5 mm de diâmetro. Um fenómeno semelhante à reação CAMP pode ser utilizado para identificar *o R. equi*. As hemolisinas parciais de *R. equi* aumentam a hemólise da fosfolipase D de *Corynebacterium pseudotuberculosis* ou da beta-hemolisina de *Staph. aureus*.

Eubacterium suis (Corynebacterium suis)

O Eubacterium suis é um organismo Gram-positivo, **anaeróbio**. É uma causa de cistite e pielonefrite em suínos. Os javalis albergam geralmente *E. suis*. A doença é supurativa e mal cheirosa. Abcessos no fígado, nos pulmões e no cérebro. Também provoca piometra, cistite e ITU. Está geralmente envolvida em abcessos pós-cirúrgicos, mastite supurativa e infecções da bolsa gutural. O isolamento é efectuado em frascos anaeróbios. Podem ser utilizados meios como o meio de carne cozinhada e o meio de caldo de tioglicolato.

Capítulo n.º 6
Listeria

Shaheen Farooq, M.N.Hassan, Sabia Qureshi, Z. A. Kashoo, M. A. Bhat

O género inclui **7 espécies, 3 das quais são** <u>**patogénico**</u>

Espécies	Anfitrião	Doença
		Encefalite (forma neural, **doença dos círculos**)
		Aborto
		Septicemia (forma visceral)
1. *Listeria* monocytogenes	Ovelhas, gado bovino, cabras (porquê o nome?)	Endoftalmite (forma ocular)
		Matite (raro)
	Gado	Aborto, encefalite (raro)
	Cães, gatos, cavalos Porcos	Aborto, septicemia, encefalite
	Aves	Septicemia
2. *Listeria ivanovii*	*Ovelhas*, bovinos	Aborto (sem envolvimento neural)
3. *Listeria* innocua	Ovelha	Meningoencefalite ovina (rara)

Espécies não patogénicas: 4. *L. seeligeri*, 5. *L. welshimeri*, 6. *L. grayi* e 7. *L. murrayi*

Diferenciação das espécies de *Listeria*:

- Por padrão de hemólise em BA, teste CAMP e ácido de manitol, ramnose e xilose
- Com base nos antigénios da parede celular e flagelares, são reconhecidos **16 serótipos**.
- Tipagem de fagos
- Está disponível um ensaio de quimioluminescência de sonda de ADN para *Listeria monocytogenes*.
- Métodos de impressão digital de ADN

Semelhanças com *Erysipelothrix rhusiopathiae*:

- Pequenos bastonetes Gram-positivos (até 2μm de comprimento)
- Não formador de esporos
- Crescer em meio não enriquecido
- anaeróbio facultativo, mas o crescimento é reforçado por 10% de CO_2
- Resistente a altas concentrações de sal (10%; 8,5% em *Erysipelothrix*)
- Oxidase -ve
- Cresce numa vasta gama de temperaturas (**4°C-45°C**) e pH (**5,5-9,6**) (ver em *Erysipelothrix*)
- Não cresce no MLA.
- Importância zoonótica

Diferenças em relação ao *Erysipelothrix rhusiopathiae*:

- Pequenos bastonetes coccobacilares (0,4-0,5μm X 2,0μm)
- **Catalase +ve**
- **Coagulase -ve**
- **Motilidade de queda (queda de células de ponta a ponta com um período de quiescência quando mantidas a 25°C** durante 2-4 horas com 1-5 flagelos peritríquios, **não móveis a 37°C)**
- Aesculina é hidrolisada (observada no Edwards Medium)
- Crescimento subsuperficial em forma de guarda-chuva no meio SIM
- Teste CAMP +ve com *Staphylococcus. aureus* (*L. monocytogenes* e *L. seeligerii*) ou

Rhodococcus equi (L. ivanovii)

- **O enriquecimento a frio** é utilizado para isolar a partir de tecido cerebral.
- **A produção de H2S não é produzida na inoculação da facada TSI.**
- As colónias são pequenas (0,5-2,0 mm), lisas e planas, de **cor verde-azulada** quando iluminadas obliquamente e translúcidas ou transparentes, com uma **zona estreita de hemólise completa observada sob a colónia em *L. monocytogenes*** (que deve ser diferenciada de outros organismos hemolíticos, como estreptococos e *Arcanobacterium pyogenes*, ambos catalase-ve).

Habitat habitual:

ervas (silagem), fezes de animais saudáveis, efluentes de esgotos e água doce **Patogénese e patogenicidade:**

A infeção por *L. monocytogenes* segue-se geralmente à ingestão de alimentos contaminados, resultando em septicemia, encefalite ou aborto. Penetra através das **células M nas placas de Peyer**. Depois espalha-se através da linfa e do sangue para vários tecidos. A transmissão transplacentária ocorre em animais prenhes. A partir da mucosa oral ou nasal, pode migrar através do **nervo craniano (trigémeo)** para atingir o cérebro e causar **listeriose neural**. As lesões no tronco cerebral, muitas vezes **unilaterais**, são **microabscessos** e **manguito perivascular** (PVC) com linfócitos. Pode invadir células fagocíticas e não fagocíticas, sobreviver e multiplicar-se intracelularmente e transferir-se de célula para célula sem exposição ao sistema de defesa humoral.

Factores de virulência:

As proteínas de superfície específicas, **as internalinas**, ajudam na adesão e na absorção do organismo. **A listeriolisina**, uma toxina citolítica, ajuda a destruir a membrana dos vacúolos fagocíticos, permitindo-lhes escapar para o citoplasma. No citoplasma, utiliza **microfilamentos** da célula hospedeira, formando uma **estrutura semelhante a uma cauda** que lhe confere motilidade. Em seguida, formam projecções semelhantes a pseudópodes nas células adjacentes e são absorvidas. Em seguida, repete-se todo o processo de replicação e disseminação para outras células adjacentes.

Listeriose em ruminantes:

Os surtos são sazonais nos países europeus e afectam principalmente animais alimentados com silagem no final da gestação. As bactérias requerem a disponibilidade de ferro no hospedeiro para as suas actividades metabólicas. Níveis elevados de ferro na silagem que conduzem a concentrações elevadas de ferro nos tecidos podem predispor à listeriose. *A Listeria monocytogens* pode multiplicar-se nas camadas superficiais de silagem de má qualidade com valores de pH >5,5. Nestas condições, o seu número pode exceder 10^7 cfu/kg de silagem. Em silagens de boa qualidade, a multiplicação é inibida pelo ácido produzido pela fermentação. Na gravidez avançada, a elevada suscetibilidade deve-se à diminuição do CMI.

Sinais clínicos:

O período de incubação da **listeriose neural (doença dos círculos)** é de 14 a 40 dias. É frequente haver embotamento, andar em círculos e inclinação da cabeça. A salivação e a queda da pálpebra e da orelha são causadas por uma paralisia facial unilateral. Pode observar-se queratite de exposição. Nas fases iniciais, verifica-se um aumento da temperatura corporal. Nos ovinos e caprinos, pode ocorrer a queda e a morte poucos dias após o início dos sintomas clínicos. A duração da doença é geralmente mais longa nos bovinos. **O aborto** pode ocorrer até 12 dias após a infeção. **A listeriose septicémica** tem um período de incubação de apenas 2-3 dias e é observada principalmente em cordeiros. Nos bovinos e ovinos, a ceratoconjuntivite e a irite (**listeriose ocular**) são localizadas, frequentemente unilaterais e ocorrem devido ao contacto direto com silagem contaminada.

Diagnóstico:

* **Historial de alimentação com silagem** e sinais neurológicos caraterísticos ou aborto.
* Espécime a ser colhido para exame laboratorial:

J LCR e tecido da medula e da ponte de um animal com **sinais neurológicos** (tecido fresco para isolamento e tecido fixado para histopatologia)

J Cotilédones, conteúdo abomasal fetal e descargas uterinas de **aborto**.

J Fígado ou baço fresco e sangue de **casos septicémicos**.

* **Demonstração:**

S Coloração direta pelo método de Gram de esfregaços de impressão de cotilédones ou de lesões hepáticas.

J Imunoflourescência utilizando MoAb para diagnóstico rápido.

J Exame histopatológico do tecido cerebral para microabscessos e PVC.

* WBC >1,2 X 107/L e concentração de proteínas >0,4g/L no LCR na listeriose neural.
* **Métodos de isolamento:**

J As amostras de casos de aborto/ septicémia (forma visceral) podem ser colocadas diretamente em placas de BA/ BA seletivo com **telurito de potássio** a 0,05% **para inibir os Gram-negativos** ou em **McBride Agar** com glicina, cloreto de lethium e etanol fenílico para verificar Grampositivos e Gram-negativos e clorheximida para verificar contaminantes fúngicos e incubadas a 37°C durante 24-48h. **Uma amostra duplicada** é também aplicada no **MLA** para detetar qualquer agente patogénico Gram-negativo ou contaminantes.

J **O enriquecimento a frio** é necessário para o **isolamento de tecidos cerebrais**. Pequenos pedaços de medula e de espinal medula são homogeneizados e é feita uma suspensão a 10% em caldo não seletivo, como o caldo nutriente. A suspensão é mantida a 4°C num frigorífico e subcultivada semanalmente em BA durante um período máximo de 12 semanas.

* **Identificação:**

Caracteres da colónia (**cor verde-azulada** quando iluminada obliquamente e translúcida ou transparente com uma **zona estreita de hemólise completa**), **caracteres morfológicos**, ou seja, pequenos bastonetes coccobacilares e diferentes **testes bioquímicos** como catalase +ve, teste CAMP, hidrólise de Aesculina, crescimento em guarda-chuva subsuperficial, motilidade de queda a 25°C.

* **Inoculação animal/ensaio biológico:**

J (**Teste de Anton**) A instilação de uma gota de caldo de cultura na conjuntiva de um coelho/porco-da-índia produz uma queratoconjuntivite purulenta no espaço de 24-36 horas apenas no caso de *L. monocytogenes*.

J Inoculação I/P de ratinhos com cultura em caldo de 24 horas. Tanto *a L. monocytogenes* como *a L. ivanovii* são patogénicas para os ratinhos, que morrem no prazo de 5 dias com lesões necróticas no fígado.

Tratamento:

As fases iniciais da forma septicémica respondem à ampicilina/amoxicilina. A resposta é fraca na listeriose neural que requer doses elevadas e prolongadas destes antibióticos combinados com aminoglicosídeos. A listeriose ocular exige a injeção subconjuntival de antibióticos com corticosteróides

Controlo:

* As silagens de má qualidade não devem ser dadas a animais prenhes e a sua utilização

deve ser suspensa em caso de surto de doença.

• Aplicar métodos de alimentação que minimizem o contacto direto da silagem com os olhos.

• A vacinação com a vacina viva atenuada disponível em alguns países pode reduzir a prevalência da listeriose nos ovinos. A vacina morta não é protetora, uma vez que não induz a CMI e o organismo é intracelular, pelo que a CMI é importante.

Listeriose humana:

Em adultos saudáveis normais, ocorre como uma doença febril ligeira **semelhante à gripe**. Os veterinários e os trabalhadores de matadouros ou agricultores podem apresentar lesões papulares cutâneas nas mãos e nos braços devido ao contacto com material infecioso. A infeção por *L. monocytogenes* provoca o aborto em mulheres grávidas e ameaça a vida de recém-nascidos, idosos e indivíduos imunodeprimidos.

A infeção humana ocorre através do consumo de alimentos contaminados, tais como leite cru, queijos de pasta mole, salada de repolho e vegetais não cozinhados. Pode sobreviver à pasteurização devido à sua localização intracelular e à sua tolerância ao calor. A transferência direta dos animais para os seres humanos é pouco frequente.

Capítulo n.º 7
Erysipelothrix rhusiopathiae
Z. A. Kashoo, M. A. Bhat, Sabia Qureshi, G.A. Badroo, Faheem Ud Din

Causa **erisipela em porcos** e **perus em** todo o mundo. Ovinos e outros animais domésticos Recentemente, vários serotipos de *Erysipelothrix rhusiopathiae* foram reclassificados como uma nova espécie, *E. tonsillarum*, utilizando estudos de hibridação ADN-ADN. Estas espécies parecem estar ocasionalmente infectadas. Também causa **erisipeloide**, uma celulite localizada, em **humanos**.

Manifestações clínicas da infeção por *Erysipelothrix rhusiopathiae* em animais domésticos

Anfitrião	Doença
1. Porco	**A erisipela suína** pode apresentar-se sob 4 formas **i.** **Septicemia** (forma aguda) que pode levar ao **aborto**. **ii.** **Doença cutânea/doença de pele de diamante** (forma aguda) **iii.** **Artrite crónica** **iv.** **Endocardite valvular crónica**
2. Ovinos	Poliartrite (não supurativa) Coxeio pós-dipping (devido a celulite e laminite no adulto) Pneumonia Endocardite valvular
3. Perus	**A erisipela da Turquia** pode apresentar-se sob 3 formas i. Septicemia ii. Artrite (forma crónica) iii. Endocardite valvular (forma crónica)

Recentemente, vários serotipos de *Erysipelothrix rhusiopathiae* foram reclassificados como uma nova espécie, *E. tonsillarum*, utilizando estudos de hibridação ADN-ADN. Estas espécies parecem não ser patogénicas para os suínos, mas causam **endocardite em cães**.

Semelhanças com espécies de *Listeria*:
* Pequenos bastonetes Gram-positivos (até 2µm de comprimento)
* Não formador de esporos
* Crescer em meio não enriquecido
* anaeróbio facultativo, mas o crescimento é reforçado por 10% de CO_2
* Resistente a concentrações elevadas de sal (8,5%; 10% em *Listeria*)
* Oxidase -ve
* Gorw numa vasta gama de temperaturas (**5°C-42°C**) e pH (**6,7-9,2**) (ver em *Listeria*)
* Não cresce no MLA.
* Importância zoonótica

Diferenças em relação às espécies de *Listeria*:
* Pequena haste selanda (0,2-0,4µm X 0,8-2,5µm) de colónias lisas (S) em infecções agudas ou filamentos curtos que descoloram rapidamente de colónias rugosas (R) em infecções crónicas.
* **Catalase -ve**
* **Coagulase +ve**
* **Não-móveis**
* Aesculina não é hidrolisada
* **Crescimento do tipo "Bottle-brush" em** meio de **gelatina nutriente** mantido durante 5

dias à temperatura ambiente, uma caraterística dos isolados rugosos.

* Teste CAMP -ve
* **O enriquecimento pelo frio não é** utilizado para isolar este organismo.
* **A produção de H2S é detectada por uma linha central fina e preta na inoculação por punhalada TSI.**
* As colónias são pontuais (0,5 mm), **não hemolíticas** às 24 horas. A variação colonial torna-se óbvia às 48h, quando uma **zona esverdeada (parcial) de hemólise** se desenvolve por baixo e à volta das colónias. As colónias em forma de S têm 0,5-1,5 mm de diâmetro, são convexas e circulares com bordos inteiros. As grandes colónias em forma de R são mais planas, mais opacas e têm um bordo irregular.

Habitat habitual:

Mais de 50% dos suínos saudáveis albergam-na nos seus **tecidos amigdalinos**. Os suínos portadores excretam-na nas **fezes** e nas **secreções oronasais**. Também foi isolada em ovinos, bovinos, equinos, cães, gatos, aves de capoeira e em 50 espécies de mamíferos selvagens e mais de 30 espécies de aves selvagens. O tempo de sobrevivência no solo não excede os 35 dias em condições normais. Está presente na **camada de lodo dos peixes, uma fonte potencial de infeção humana**.

Identificação definitiva de *Erysipelothrix rhusiopathiae*:

* Morfologia das colónias e padrão hemolítico (ver acima)
* Reacções bioquímicas (ver acima)
* Serotipagem (para estudos epidemiológicos) utilizando um peptidoglicano estável ao calor extraído da parede celular em reacções de precipitação. Com base neste método, foram identificados **23 serotipos**.

Alguns isolados são indetectáveis. Os serotipos mais comuns em suínos são 1a, 1b e 2.

* Testes de virulência em animais de laboratório. Os isolados variam consideravelmente em termos de virulência, o que é confirmado pela **inoculação I/P de ratinhos/pombos**.
* Está disponível um método baseado em PCR para a deteção de *Erysipelothrix rhusiopathiae* virulenta. **Patogénese e patogenicidade:**

A infeção é geralmente adquirida através da ingestão de material contaminado com fezes de porco. Pode entrar através das amígdalas, da pele ou das membranas mucosas.

Factores de virulência:

Uma cápsula que protege contra a fagocitose, **a capacidade de aderir às células endoteliais** e a produção de **neuraminidase**, uma enzima que aumenta a penetração celular.

Na forma septicémica, o dano vascular é caracterizado por inchaço das células endoteliais, aderência de monócitos às paredes vasculares e formação generalizada de microtrombos hialinos. A localização das bactérias na sinóvia das articulações e nas válvulas cardíacas através de disseminação hematogénica leva a lesões crónicas nestes locais. Os danos articulares a longo prazo podem resultar de **uma resposta imunitária a antigénios bacterianos persistentes**. Os organismos viáveis raramente são isolados das articulações cronicamente afectadas.

Infecções clínicas:

Erisipela suína:

Os suínos portadores infectados subclinicamente são os reservatórios da infeção. Os suínos com infeção aguda excretam um grande número de organismos nas fezes, que podem contaminar os alimentos e a água. A infeção é maioritariamente adquirida através da ingestão e, menos frequentemente, através de pequenas abrasões cutâneas. A frequência de surtos em suínos criados ao ar livre pode ser reduzida se estes forem mantidos em cimento.

A evolução e o resultado da doença dependem da suscetibilidade de cada suíno e da virulência das estirpes de *E. rhusiopathiae*, sendo ambas muito variáveis. Os suínos com menos de 3 meses de idade estão normalmente protegidos por anticorpos maternos, enquanto os suínos com mais de 3 anos de idade adquiriram normalmente uma imunidade ativa protetora através da exposição a estirpes de baixa virulência. Os factores que predispõem ao desenvolvimento da doença são a **alteração da dieta**, a **temperatura ambiente extrema** e a **fadiga**.

Sinais clínicos:

A erisipela suína pode apresentar-se sob 4 formas (ver acima). Existem duas formas agudas e duas formas crónicas. A artrite crónica tem o impacto negativo mais significativo na produtividade.

i. Forma septicémica: Ocorre após um período de incubação de 2-3 dias. Durante um surto, alguns suínos são encontrados mortos e outros estão febris, deprimidos e caminham com uma marcha rígida e empertigada ou permanecem reclinados. A mortalidade pode ser elevada e **as porcas prenhes com a forma septicémica podem abortar**.

ii. Forma de pele de diamante: Os sinais sistémicos são menos graves e as taxas de mortalidade são muito inferiores às da forma septicémica. Os suínos são febris e as lesões cutâneas são observadas como pequenas áreas elevadas, cor-de-rosa claro ou púrpura, até placas eritematosas mais extensas e caraterísticas em forma de diamante. Algumas destas lesões desaparecem no prazo de uma semana; outras tornam-se necróticas e podem descamar.

iii. Artrite: É comummente observada em suínos mais velhos. Verifica-se rigidez, claudicação ou relutância em suportar peso nos membros afectados. As lesões articulares, que podem ser inicialmente ligeiras, podem levar à erosão da cartilagem articular com eventual fibrose e anquilose.

iv. Endocardite vegetativa: É a forma menos comum. Nesta forma, estão presentes massas trombóticas semelhantes a verrugas, geralmente nas válvulas mitrais. Muitos animais são assintomáticos, mas alguns podem desenvolver insuficiência cardíaca congestiva ou morrer subitamente em caso de stress devido a esforço físico ou gravidez.

Diagnóstico:

- Os sinais clínicos, como lesões cutâneas em forma de diamante, são patognomónicos.
- Espécime a ser colhido para exame laboratorial:

J Sangue para hemocultura

J Espécimes post-mortem como fígado, baço, válvulas cardíacas ou tecidos sinoviais. **Os orgaismos raramente são recuperados de lesões cutâneas ou de articulações cronicamente afectadas.**

- **Demonstração:**

J A coloração direta de Gram em amostras de infeção aguda revela bastonetes Grampositivos delgados e em infecções crónicas revela formas filamentosas.

- **Isolamento:**

As placas BA e MLA são inoculadas com a amostra e incubadas aerobicamente a 37°C durante 24-48h. Podem ser utilizados **meios selectivos**, contendo **azida de sódio** (0,1%) ou **violeta de cristal** (0,001%), para amostras contaminadas.

- **Identificação:**

Caraterísticas das colónias após 48 horas de incubação. Sem crescimento em MLA, Catalase - ve, Coagulase +ve, produção de H_2S em ágar TSI, perfil de teste bioquímico.

- **Os testes serológicos não são aplicáveis.**

Tratamento:

Tanto **a penicilina como as tetraciclinas** são eficazes no tratamento. O soro hiperimune pode ser utilizado juntamente com a terapia antibiótica. **A terapia antibiótica é ineficaz na doença crónica.**

Controlo:

- Melhorar as práticas de higiene e de gestão (como o pavimento de betão).
- Os animais cronicamente infectados devem ser abatidos, uma vez que a terapia antibiótica é ineficaz.
- Os suínos afectados devem ser isolados
- Vacinação. Estão disponíveis vacinas **vivas atenuadas** e **inactivadas. As vacinas atenuadas** podem ser administradas por via oral, sistémica ou por aerossol, mas não devem ser administradas a animais que estejam a receber terapia com antibióticos.

Erisipela da Turquia:

As aves de todas as idades são susceptíveis. Os machos podem excretar o organismo no seu sémen e as galinhas de peru podem **morrer** subitamente no prazo de **4-5 dias após a inseminação artificial.** A doença ocorre geralmente sob a forma de septicemia e as taxas de mortalidade podem ser elevadas. **Os focinhos inchados e de cor escura** são caraterísticos da doença. Os achados post-mortem incluem fígado e baço aumentados e friáveis. As aves cronicamente afectadas podem apresentar artrite e endocardite vegetativa e perdem gradualmente peso e ficam emaciadas. **A vacina inactivada** proporciona imunidade protetora.

Infeção em ovinos:

A poliartrite não supurativa dos borregos resulta da entrada de organismos através do **umbigo** ou, mais frequentemente, através de **feridas de atracagem** ou de **castração.** A claudicação pós-dipping, observada em cordeiros mais velhos e em ovelhas adultas, é devida a **celulite** e **laminite.** O organismo entra através das abrasões cutâneas na região dos cascos provocadas por soluções de imersão fortemente contaminadas. A endocardite valvular e a pneumonia em ovelhas também ocorrem.

Erisipelóide humano:

Muitas infecções humanas com *E. rhusiopathiae* são doenças profissionais. Os trabalhadores envolvidos nas indústrias do peixe e das aves de capoeira e noutras ocupações baseadas na agricultura podem estar em risco de contrair a infeção. Os organismos entram através de pequenas abrasões cutâneas, causando uma **celulite localizada** designada por **erisipeloide.** Raramente, a disseminação hematogénica em doentes não tratados pode levar ao envolvimento das articulações e do coração.

Grupo dos Actinomicetos (*Actinomyes, Nocardia, Dermatophilus, Streptomyces*)

M.I. Hussain, M. N. Hassan, Shaheen Farooq, Z. A. Kashoo, Najeeb Ul Tarfain

Arcanobacterium pyogenes (*(Actinomyces pyogenes)*

É um comensal comum na membrana mucosa da nasofaringe de bovinos, ovinos e suínos. É eliminado de úberes aparentemente normais e frequentemente das amígdalas e dos gânglios linfáticos retrofaríngeos. Podem ocorrer abcessos de vários tamanhos com formação de cápsulas fibrosas. Trata-se de um organismo piogénico muito importante dos bovinos, ovinos e suínos. Provoca mastite crónica abcedante em vacas, artrite séptica, endocardite, endometrite, etc., etc. Os grânulos metacromáticos não são tão frequentes como os de outras *Corynebacterium*, pelo que é retirado do grupo *das Corynebacterium*

Nocardia asteroides

Estes organismos são Gram positivos, parcialmente resistentes ao ácido, com micélios aéreos ramificados, aeróbicos, fermentativos, transmitidos pelo solo como saprófitos. São amplamente prevalecentes. A infeção dá-se através de feridas e inalação, mas não é contagiosa. De natureza exógena.

A produção da doença começa como no caso do Actinomyces, a infeção começa como uma lesão/ferida com a formação de nódulos ou pústulas, que endurecem mais tarde e depois se rompem com a libertação de material supurativo. A lesão regride, mas é seguida de disseminação, formando-se abcessos adicionais que progridem para a formação de seios maxilares interligados.

As manifestações habituais nos bovinos são a mastite crónica.

Cães e gatos: Envolvimento de linfonodos / formação de micetomas.

Cavalos: Pouco frequente em cavalos. Nocardiose respiratória em cavalos imunodeprimidos.

Seres humanos: Nocardiose pulmonar e uma forma s/c. A doença sistémica com envolvimento do SNC é fatal.

Diagnóstico: O exame do pus não revela grânulos de enxofre como em *Actinomyes*. Não há formação de tacos. Pode crescer tanto em meios simples como enriquecidos, em condições aeróbias. O SDA pode ser utilizado tanto a 25° C como a 37° C. O crescimento é evidente em 4-5 dias como colónias lisas ou granulares, irregulares e dobradas.

Consultar o manual prático para um diagnóstico pormenorizado.

Tratamento: Não suscetível à penicilina. Suscetível a medicamentos sulfa, tetraciclina, novabiocina, ampicilina. Deve ser efectuada uma terapia a longo prazo de 12 semanas. Não existe uma terapia eficaz para a mastite nocárdica.

Dermatophilus congolensis

A doença também é conhecida como Estreptotricose ou Dermatofilose.

Dermatophilus é Gram positivo, não ácido-rápido, aeróbico, não formador de esporos. Os zoósporos são móveis. Formam-se bastonetes filamentosos ramificados. São parasitas obrigatórios que vivem apenas em animais. A infeção ocorre por contacto, picada de insectos e fómites. A humidade favorece a infeção. Afecta todas as espécies de animais - cavalos, ovelhas, cabras, gatos, cães, gado e seres humanos. As camadas superficiais da pele são afectadas, caracterizando-se pela formação de crostas. Sob a crosta, a zona húmida e deprimida favorece a infeção. A forma grave é observada em bovinos, ovinos e caprinos mais jovens.

Nos ovinos, observam-se 3 formas.

O pelo lanoso está afetado: Doença da lã lisa.

O pé e a perna estão afectados: Doença do pé de morango.

A face e o escroto estão envolvidos: Dermatite ou dermatite micótica.

Diagnóstico: O exame direto da crosta com coloração de Giemsa / Gram mostra filamentos segmentados com esporos cocóides que se coram de púrpura intenso. Os esporos são vistos em pacotes. Podem ser observadas colónias pequenas, rugosas, branco-acinzentadas em 24-48 h em ágar-sangue e ágar-tripticase. Na septação das hifas, formam-se zoósporos móveis que possuem flagelos polares em preparações de montagem húmida. A caraterística é a presença destes elementos hifais em crostas e crostas. A confirmação é feita por isolamento em meios. O animal permanece afetado durante muito tempo. Depois disso, a reinfeção geralmente não ocorre. Não foi desenvolvida qualquer vacina.

Tratamento: A penicilina e a estreptomicina são susceptíveis. A aplicação tópica de compostos de iodo e de sulfato de cobre após a remoção das crostas com uma escova é eficaz. A lavagem com sabão antes da aplicação de pomada tópica é eficaz.

Z. A. Kashoo, Faheem Ud Din, Najeeb Ul Tarfain, G. A. Badroo, M. A. Bhat

- *Actinobacillus Iignieresii*	**Língua de madeira (madeira) em bovinos**
	Lesões na língua, gânglios linfáticos, parede ruminal, pele (bovinos) Lesões cutâneas (ovinos)
• *A. pleuropneumoniae*	**Pleuropneumonia (suínos) Septicemia, enterite (potros)**
• *A. equuli*	Septicemia (leitões)
	Artrite (suínos)
	Enterite (suínos, vitelos)
	Aborto (éguas)
- *A. suis*	**Septicemia, pneumonia (leitões, potros)**
	Pneumonia (porcos, cavalos)
• Organismos *do tipo A. suis*	Isolados de cavalos" URT.
	Epididimite (carneiros)
• *A. seminis*	Poliartrite (borregos)
- *A. actinomycetemcomitans*	**Epididimite (carneiros)**

Habitat:

Capítulo n.º 9
Espécies de *Actinobacillus*

São animais comensais das membranas mucosas dos animais, nomeadamente da URT e da cavidade oral. Como não conseguem sobreviver durante muito tempo no ambiente, os animais portadores transmitem a infeção. **Diferenciação das espécies de *Actinobacillus***:
Baseia-se na morfologia colonial e nas reacções bioquímicas
J No isolamento primário em BA, as colónias de *A. lignieresii, A. equuli* e *A. suis* são **coesas** quando tocadas com uma ansa de inoculação.
J No **MLA**, as colónias de *A. lignieresii* são inicialmente pálidas mas tornam-se rosadas após 48 horas. *A. lignieresii, A. equuli* e *A. suis* crescem bem no MLA e fermentam a lactose, enquanto *A. pleuropneumoniae* e *A. seminis* não crescem no MLA.
J Podem ser utilizados kits bioquímicos disponíveis no mercado. *A. seminis* é catalase positiva mas é relativamente **inativa do ponto de vista bioquímico**.
J **A serotipagem** de isolados de *A. pleuropneumoniae* baseia-se em diferenças nos **antigénios de polissacáridos capsulares**, que podem ser feitas através de testes de aglutinação em lâmina ou de gel-difusão.

Caraterísticas	*A. lignieresii*	*A. pleuropneumoniae*	*A. equuli*	*A. suis*
Hemólise em ovinos BA	-	+	V	+
Tipo de colónia em BA	Coesão	**Não coeso**	Coesão	Coesão
Crescimento no MLA	+	-	+	+
Ácido da **Lactose**	+ (lento)	-	+	+
Teste **CAMP** com *Staph. aureus*	-	+	-	-
Oxidase	+	V	+	+
Catalase	+	V	V	+
Urease	+	+	+	+
Hidrólise da aesculina	-	-	-	+
Ácido de **maltose**	+	+	+	+
Ácido da **sacarose**	+	+	+	+

Pode também ser utilizada a produção de ácido a partir de L-arabinose, manitol, melibiose, salicina e trealose.

Patogénese e patogenicidade:
Os factores de virulência estão mal definidos, exceto no caso da *A. pleuropneumoniae*.
<u>**Infecções clínicas:**</u>
1. **Actinobacilose (língua de madeira/ língua de madeira) em bovinos por *A. lignieresii***
Outras infecções por *A. lignieresii* incluem:
a. Actinobacilose cutânea dos **ovinos** que provoca uma lesão granulomatosa principalmente na cabeça sem envolvimento da língua
b. Mastite granulomatosa em **porcas**
c. Feridas de mordedura em **cães**
d. Glossite em **cavalo**
2. **Pleuropneumonia em suínos devida a *A. pleuropneumoniae***
3. **Doença do potro sonolento devida à *A. equuli***
4. **Infeção de leitões *por Actinobacillus suis***

5. Infeção por *Actinobacillus seminis* em carneiros

1. Actinobacilose (língua de madeira/ língua de madeira) em bovinos:

Trata-se de uma inflamação piogranulomatosa crónica dos tecidos moles, na qual se verifica um endurecimento da língua, a chamada língua de madeira. Também ocorrem lesões no sulco esofágico e nos gânglios linfáticos retrofaríngeos. *O Actinobacillus lignieresii* é um comensal da cavidade oral e do trato intestinal. Sobrevive no feno ou na palha até 5 dias. Entra nos tecidos através de erosões ou lacerações na mucosa e na pele. Uma resposta piogranulomatosa localizada está associada a colónias de tacos que contêm a bactéria. A disseminação através dos linfáticos para os gânglios linfáticos regionais pode induzir uma linfadenite piogranulomatosa.

É uma doença maioritariamente esporádica. Devido à língua em madeira, há **dificuldade em comer e salivação**. O envolvimento do sulco esofágico pode levar a **timpanismo intermitente** e o aumento dos gânglios linfáticos retrofaríngeos pode causar **dificuldade em engolir** e **respiração estertora. As lesões cutâneas** podem ser encontradas na **cabeça**, no **tórax**, nos **flancos** e nos **membros superiores**.

Diagnóstico:
- Sinal clínico de língua endurecida e **historial de pastoreio em pastagens pobres**.
- Os espécimes incluem pus, biópsia e tecidos de lesões post-mortem.
- **Demonstração** de bastonetes Gram-negativos em esfregaços de exsudados.
- Focos piogranulomatosos com colónias de tacos observados em secções de tecido
- **Isolamento** por cultura em **BA** e MLA por incubação aeróbica a 37°C durante 24-72 horas.
- **Identificação** por colónias pequenas, pegajosas e não hemolíticas em BA e fermentação lenta da lactose em MLA e perfil bioquímico (ver quadro supra).

Tratamento e controlo:
- Isolamento de animais que libertam pus de lesões
- O iodeto de sódio por via parentérica ou o iodeto de potássio por via oral são eficazes.
- As sulfonamidas potenciadas ou uma combinação de penicilina e estreptomicina são geralmente eficazes. A isoniazida oral durante 30 dias tem sido utilizada em animais com lesões refractárias.
- Deve ser evitada a alimentação/pastagem grosseira, que pode danificar a mucosa oral.

2. Pleuropneumonia em suínos devida a *A. pleuropneumomiae*:

É uma doença altamente contagiosa que se manifesta principalmente em suínos com menos de 6 meses de idade e cuja prevalência está a aumentar devido a práticas de criação intensiva.

Patogénese e patogenicidade:

As estirpes virulentas têm **uma cápsula** que é simultaneamente **antifagocítica** e **imunogénica**, mas as estirpes não capsuladas são avirulentas. **As fímbrias** e **outras adesinas** permitem que o organismo adira às células da mucosa respiratória. Produz **3 citotoxinas relacionadas** que pertencem à **família das toxinas estruturais repetidas (citolisinas)**. A toxina actua produzindo poros na membrana celular. Os neutrófilos quimicamente atraídos para o tecido pulmonar infetado são danificados e libertam enzimas líticas. A **resposta inflamatória sustentada** é considerada o principal fator que causa **a rápida necrose dos tecidos**.

Sinais clínicos e epidemiologia:

Os suínos portadores subclínicos transportam os organismos no seu trato respiratório e nos tecidos das amígdalas. A ventilação deficiente e a queda súbita da temperatura ambiente precipitam os surtos da doença. A transmissão por aerossol ocorre em grupos confinados. Nos surtos de doença aguda, alguns suínos podem ser encontrados mortos e outros apresentam dispneia, pirexia, anorexia e falta de vontade de se deslocar. Pode observar-se espuma manchada de sangue à volta do nariz e da boca e muitos suínos apresentam cianose. As porcas grávidas podem abortar. As taxas de morbilidade podem ser de 30-50% e a mortalidade pode atingir os 50%. A infeção simultânea com *Pasteurella multocida* e micoplasmas pode agravar a doença. Após a morte, encontram-se áreas de consolidação e necrose nos pulmões, juntamente com pleurisia fibrinosa. Na traqueia e nos brônquios pode observar-se uma espuma manchada de sangue.

Diagnóstico:

- **História** de má ventilação e queda da temperatura ambiente antes da doença pulmonar.
- **No post-mortem,** a consolidação hemorrágica junto aos brônquios principais e a pleurite fibrinosa grave podem sugerir a doença.
- As amostras incluem lavagens traqueais/porções afectadas de tecido pulmonar.
- **Isolamento** de organismos em ágar BA/chocolate em 5-10% de CO_2 a 37°C durante 2-3 dias.
- **Identificação** por colónias pequenas com hemólise clara, sem crescimento no MLA, teste CAMP positivo e reacções bioquímicas (ver quadro supra).
- São reconhecidos **doze serotipos** e **dois biótipos. O biótipo 1 necessita do fator V** (NAD) para crescer, enquanto os pertencentes ao biótipo 2 são independentes do NAD.
- Nos tecidos, podem ser utilizadas técnicas **baseadas na imunofluorescência e** na **PCR.**

Tratamento:

- A quimioterapia com antibióticos baseia-se nos resultados da CST, uma vez que se observa resistência aos antibióticos.
- A utilização profiláctica de antibióticos em suínos em contacto limitará a gravidade da doença clínica. **Controlo:**
- **As bacterinas polivalentes** podem induzir imunidade protetora, mas não impedem a transmissão ou o desenvolvimento de um estado de portador. Foi desenvolvida **uma vacina de subunidade que contém toxoides** das 3 toxinas de *A. pleuropneumoniae* **e antigénio capsular.**
- Devem ser evitados factores predisponentes como a má ventilação, a sobrelotação e o arrefecimento.

3. Doença do potro sonolento devida à *A. equuli*:

Trata-se de uma septicemia aguda e potencialmente fatal dos potros recém-nascidos. Embora seja principalmente um agente patogénico dos potros, também pode causar aborto, septicemia e peritonite em cavalos adultos. Encontra-se nos tractos reprodutivo e intestinal das éguas. Os potros podem ser infectados *no útero* ou após o nascimento através do umbigo. Os potros afectados são febris e reclinados. A morte ocorre geralmente em 1-2 dias. Os potros que recuperam da fase septicémica aguda podem desenvolver poliartrite, nefrite, enterite ou pneumonia.

Os potros que morrem nas 24 horas seguintes ao nascimento apresentam petéquias nas superfícies serosas e enterite. **A meningoencefalite** pode ser observada histologicamente. Os potros que sobrevivem durante 1-3 dias apresentam focos supurativos pontuais típicos nos rins.

Diagnóstico:

- Historial da doença nas instalações na época anterior.

- Sinais clínicos nos potros neonatais.
- **Isolamento** em BA e MLA por incubação a 37°C durante 1-3 dias.
- **Identificação** por colónias pegajosas com hemólise variável em BA, fermentação da lactose em MLA e perfil bioquímico (ver quadro supra).

Tratamento e controlo:

A menos que a doença seja detectada precocemente, o tratamento é pouco benéfico.

- É geralmente suscetível à estreptomicina, às tetraciclinas e à ampicilina.
- Tratamento de apoio com transfusão de sangue e alimentação com biberão de colostro.
- As éguas que tiveram potros afectados devem ser acompanhadas de perto nos próximos partos.
- Deve ser respeitada uma boa higiene
- Pode ser considerada uma terapia antibiótica profiláctica para potros recém-nascidos.
- Não existem vacinas comerciais disponíveis.

4. Infeção de leitões por *Actinobacillus suis*:

Pode estar presente na URT das porcas e os leitões são infectados por aerossóis ou, eventualmente, através de abrasões cutâneas. A infeção ocorre principalmente em suínos jovens com menos de 3 meses de idade. Verifica-se septicemia e morte rápida. A taxa de mortalidade pode atingir 50% em algumas ninhadas. Os sinais clínicos são febre, dificuldade respiratória, prostração e remada dos membros anteriores. Ocorrem hemorragias petequiais e equimóticas em muitos órgãos e pode haver pneumonia intersticial, pleurite, meningoencefalite, miocardite e artrite. Também se observam lesões cutâneas semelhantes à erisipela suína numa forma cutânea invulgar em suínos adultos.

Diagnóstico:

- Isolamento em BA e MLA por cultura a 37°C durante 1-3 dias.
- Identificação por colónias hemolíticas pegajosas em BA, fermentação da lactose em MLA e perfil bioquímico (ver quadro supra).

Tratamento e controlo:

- Antibioticoterapia após a CST. É geralmente sensível à ampicilina, carbenicilina, sulfonamidas potenciadas e tetraciclinas.
- As canetas contaminadas devem ser desinfectadas.
- Não existe vacina comercial disponível.

5. Infeção por *Actinobacillus seminis* em carneiros:

É uma causa comum de epididimite em carneiros jovens (carneiros virgens de 4-8 meses de idade). O organismo encontra-se no prepúcio e a epididimite ocorre provavelmente na sequência de uma infeção oportunista ascendente. Formam-se abcessos nos epidídimos afectados e pode haver uma descarga purulenta através de fístulas para a pele escrotal.

Diagnóstico:

- Os espécimes incluem pus, material de biópsia ou tecidos obtidos post mortem.
- Isolamento de organismos em BA após incubação aeróbica a 37°C durante 1-3 dias.
- Identificação por pequenas colónias hemolíticas pontuais em BA, sem crescimento em MLA, catalase positiva e não reactiva em testes bioquímicos.

Capítulo n.º 10

Espécies de *Campylobacter*

Sabia Qureshi, Z. A. Kashoo, Faheem Ud Din, Najeeb Ul Tarfain, G. A. Badroo, M. A. Bhat

Anteriormente era conhecido como *Vibrio*, que agora inclui apenas organismos **aeróbicos**, ou seja, *Vibrio cholerae* **Classificação:** Reino: Prokaryotae

Filo: Proteobactérias

Classe: Epsilon, Proteobacteria

Ordem: Campylobacterales

Família: *Campylobacteraceae*

Género: *Campylobacter* (**Campylo = curvo, bacter = bastonete**)

* Gram-negativo, **delgado, curvo,** em forma de **bastonete**, em espiral/ **gaivota/** em forma de S
* **Microaerófilo**
* **Motilidade** (flagelos unipolares ou **bipolares**) com um **movimento de arranque** caraterístico
* **Oxidase +ve**
* **Catalase variável**
* **Não fermentativo**
* Muitos crescerão no MLA
* Habitantes (comensais) ou agentes patogénicos dos tractos **reprodutivo, intestinal** e oral

Habitat:

A maioria é comensal no trato intestinal de animais de sangue quente. *A C. jejuni* subsp. *jejuni* (denominada *C. jejuni*) e *a C. lari* (anteriormente *C. laridis*) colonizam o trato intestinal das aves, que podem contaminar a água e os alimentos. Vários *Campylobacter* spp. são excretados nas fezes dos suínos. *O C. fetus* subespécie *venerealis* está adaptado à mucosa prepucial dos bovinos.

Diferenciação das espécies de *Campylobacter*:

Requerem **ágar Skirrow** (um meio enriquecido seletivo) para o isolamento primário e são estritamente microaerófilos com 5-10% de O_2 e 1-10% de CO_2. A diferenciação baseia-se na morfologia colonial e em determinados testes culturais, bioquímicos e de suscetibilidade a antibióticos.

* **Morfologia da colónia:**

J *C. fetus* subespécie *venerealis* e *C. fetus* subsp. *fetus* têm colónias pequenas, ligeiramente elevadas, redondas, lisas e translúcidas com aspeto de gota de orvalho.

J *C. jejuni* produz colónias pequenas, planas e cinzentas com um aspeto aquoso que se espalha

J As espécies de *Campylobacter* que contaminam espécimes clínicos podem ser ligeiramente pigmentadas.

* Como não fermentam hidratos de carbono, são utilizadas outras actividades metabólicas na diferenciação e identificação.

<u>Caraterísticas diferenciadoras das espécies de *Campylobacter*:</u>

Campylobacter Catalase Suscetibilidade a@	Crescimento em	Crescimento em	Crescimento em		H2S*
Espécies	25°C	42°C	1%glicina	3,5%NaCl	Ácido nalidíxico Cefalotina
C. fetus subsp.+	+	-	-	--	R S

venerealis							
C. fetus subsp. *fetus*	+	+	-	+	+	V	S
C. jejuni subsp. *jejuni*	+	-	+	+	-+	S	R
C. lari	+	-	+	+	-+	R	R
C. coli	+	-	+	+	-+	S	R
C. hyointestinalis	+	+	+	+	-+	R	S
C. mucosalis	-	-	+	+	-+	R	S
C. sputorum biovar *sputorum*	-	-	+	+	++	R	S

* Método do acetato de chumbo a 30µg de discos

Patogénese e patogenicidade:

C. fetus subsp. *venerealis* e C. *fetus* subsp. *fetus* são estruturalmente invulgares, uma vez que possuem uma **microcápsula** ou **camada S**, que consiste em proteínas de elevado peso molecular dispostas em forma de rede. Esta camada S confere **resistência** à **morte mediada pelo soro** e à **fagocitose** e aumenta a sobrevivência no trato genital. Os factores de virulência de *C. jejuni* incluem componentes solúveis com **atividade semelhante à das enterotoxinas** e mecanismos mal definidos para se ligarem aos enterócitos do hospedeiro e os invadirem. O papel da endotoxina estável ao calor na patogénese é incerto.

<u>**Espécies patogénicas de *Campylobacter*:**</u>

Condições de   micro-organismo-hospedeiro-doença

1.   *C. fetus* subsp. *venerealis* Bovino - Doença venérea no trato reprodutor dos bovinos - Morte embrionária precoce

- Infertilidade temporária

2.   *C. fetus* subsp.   fetusTrato *intestinal* de - Abortos, nados-mortos em ovinos e caprinos

Ovinos, caprinos e **bovinos - borregos e cabritos fracos**

- Aborto esporádico em bovinos

3.   *C. jejuni* subsp. *jejuni* Trato intestinal de - Aborto em ovinos aves e mamíferos - Enterite em cães

- **Hepatite vibriónica aviária**
- **Enterocolite no homem**

Uma série de outras espécies, algumas das quais foram transferidas para o género *Arcobacter*, foram isolados de animais domésticos e de seres humanos, mas a sua patogenicidade não é clara.

<u>**Espécies de *Campylobacter* e *Arcobacter* de patogenicidade incerta:**</u>

Micro-organismo	Anfitrião	Comentários
C. coli	Porco, humanos	Presente no intestino, causa enterocolite
C. helveticus	Cão, gatos	Presente nas fezes
C. hyoileri	Porcos	Presente nas fezes
C. hyointestinalis	Porcos	Presente nas fezes
C. lari (*C. laridis*)	Cães, aves, outros animais, seres humanos	Presente nas fezes, pode causar enterite
C. jejuni subsp. *doylei*	Humanos	Isolados de amostras clínicas
C. mucosalis	Porcos	Presente nas fezes

Biovar de *C. sputorum*	Gado bovino, ovino	Presente no trato genital
sputorum	Humanos	Isolado de fezes e gengivas
Biovar de *C. sputorum*	Ovinos, bovinos	Presente nos tractos intestinal e genital
Fecalis	Gado	Isolados de casos de dermatite digital dos bovinos
C. upsaliensis	Cães Humanos	Presente nas fezes e associado à diarreia Pode provocar diarreia nas crianças
Arobacter butzleri	Humanos, bovinos, suínos	Pode causar diarreia Implicado no aborto
A. cryaerophilus	Muitas espécies	Isolado das fezes
	Ovinos, cavalos	Isolados de fetos normais e abortados
	Gado bovino	Mastite (raro)
A. skirrowii	Gado	Presente no prepúcio
	Bovinos, ovinos e suínos	Isolado de fetos abortados

Diagnóstico:

• **Isolamento** de organismos a partir de espécimes através de cultura em ambiente **microaerofílico** fornecido por gaspacks (envelopes) disponíveis no mercado que fornecem **6% de oxigénio, 10% de CO2 e 84% de azoto**. A maioria dos organismos patogénicos cresce a 37°C; *o C. jejuni* requer uma incubação até 5 dias a 42°C.

• Os esfregaços de culturas e de amostras são corados com **fucsina de carbol diluída (DCF)** durante 4 minutos. Este método cora os organismos mais intensamente do que o método de Gram.

• **Identificação** por crescimento microaerófilo, morfologia colonial, morfologia celular por DCF ou imunoflourescência, testes metabólicos e de suscetibilidade a antibióticos.

Infecções clínicas:

1. Campilobacteriose genital bovina:

C. fetus **subsp.** *venerealis*, a principal causa desta doença, é transmitida por **coito** a vacas susceptíveis por touros portadores assintomáticos. Sobrevive nas criptas glandulares do prepúcio e os touros podem permanecer infectados indefinidamente. A doença é caracterizada por infertilidade temporária associada a morte embrionária precoce (EED), retorno ao estro em períodos irregulares e, ocasionalmente, por aborto esporádico. Cerca de ½rd das vacas infectadas tornam-se portadoras e o organismo está presente na vagina das vacas portadoras devido à alteração antigénica dos antigénios imunodominantes das proteínas da camada S. Na fase progestacional do ciclo éstrico, quando o número e a atividade dos neutrófilos diminuem, a infeção estende-se ao útero, provocando endometrite e salpingite. O período infértil após a invasão uterina pode durar 3-5 meses, após o qual a imunidade natural pode desenvolver anticorpos IgA, que predominam na vagina, limitando a propagação da infeção. Os anticorpos IgG produzidos no útero opsonizam o agente patogénico, ajudando na fagocitose por neutrófilos e células mononucleares. Esta imunidade natural pode durar até 4 anos.

C. fetus **subsp.** *fetus*, um organismo entérico adquirido **por ingestão**, pode causar **aborto esporádico em vacas**.

Patogénese da infeção por *C. fetus* subsp. *venerealis*

C. fetus subsp. *Venerealis*

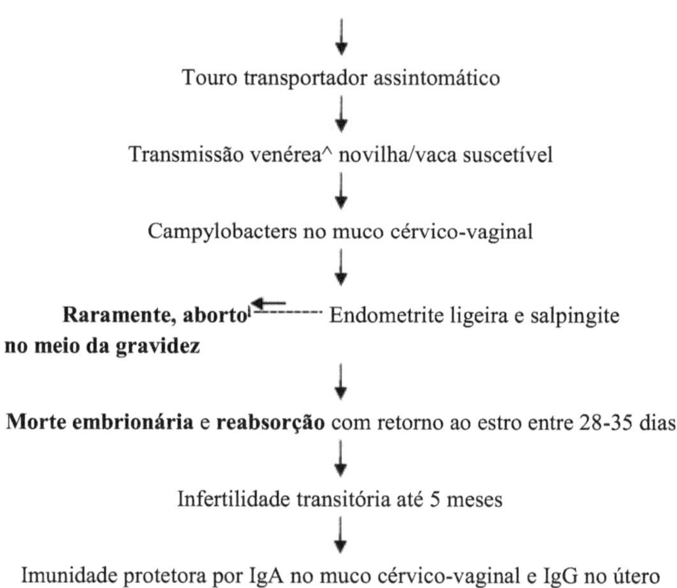

Diagnóstico:

- Registos de reprodução e histórico de vacinação dos efectivos afectados
- FAT de lavagens da bainha de touros ou de muco cervicovaginal de vacas.
- O isolamento e a identificação de organismos do muco prepucial ou vaginal são confirmatórios. Amostras de muco colhidas num meio de transporte especial.
- O teste de aglutinação do muco vaginal detecta cerca de 50% das vacas inférteis infectadas.
- Um teste ELISA para demonstrar anticorpos IgA no muco vaginal após um aborto.
- A PCR é um teste de rastreio rápido para detetar os organismos no sémen do touro.
- A infertilidade devida a este organismo deve ser diferenciada de outras causas.
- *C. sputorum* **biovar** *sputorum*, um comensal por vezes isolado de lavagens perpuciais, não tem significado clínico.

Tratamento e controlo:

- A diidroestreptomicina, a enrofloxacina administrada por via sistémica ou tópica no prepúcio é utilizada para tratar os touros
- A administração intra-uterina de diidroestreptomicina pode ser utilizada para fins terapêuticos.
- A vacinação com bacterinas num adjuvante de emulsão de óleo é utilizada de forma terapêutica e profiláctica em efectivos problemáticos.

2. Campilobacteriose genital ovina:

É causada em ovelhas quer por *C. fetus* subsp. *fetus* quer por *C. jejuni*. É uma causa importante de **aborto** (até 20% num efetivo suscetível) nas ovelhas. A transmissão da doença faz-se por via **fecal-oral**. Após a bacteriémia, os organismos localizam-se no útero durante a gestação e causam placentite necrótica que conduz ao aborto no final da gestação ou a borregos nados-mortos/cordeiros fracos. Em alguns borregos abortados, observam-se **na**

superfície do fígado lesões necróticas redondas com **até 2 cm** de diâmetro, com bordos pálidos e elevados e centros escuros e deprimidos. As ovelhas recuperadas são imunes durante pelo menos 3 anos e a fertilidade do rebanho nas épocas de reprodução subsequentes é geralmente boa.

Diagnóstico:

* As lesões hepáticas típicas são patognomónicas.
* **Demonstração** de organismos no conteúdo do abomaso fetal ou no líquido de parto.
* **O isolamento** e **a identificação** dos organismos são confirmatórios.
* O diagnóstico diferencial deve ser efectuado em relação a outras causas de aborto em ovelhas.

Tratamento e controlo:

* As ovelhas que abortaram devem ser isoladas e a placenta e os fetos abortados devem ser devidamente removidos. O resto do efetivo é transferido para pastagens limpas.
* A vacinação de ovelhas com uma bacterina de *C. fetus* subsp. *fetus* após a confirmação da doença num bando reduz o número de abortos.
* A vacinação de rotina das ovelhas com uma bacterina é geralmente efectuada imediatamente antes e depois do acasalamento, com um reforço após o segundo mês de gestação e anualmente a partir daí. **Não** existe **proteção cruzada** entre *C. fetus* subsp. *fetus* e *C. jejuni*.
* A clortetraciclina administrada diariamente na alimentação é utilizada para controlar os surtos de aborto.

3. Hepatite vibriónica aviária:

As aves transportam geralmente *C. jejuni* no seu trato intestinal e excretam-no nas suas fezes. Os pintos adquirem a infeção através da alimentação, da água e da cama quando são introduzidos pela primeira vez em pastagens contaminadas. A infeção em frangos e perus é geralmente assintomática e a sua principal importância é como fonte de infeção para os seres humanos após a contaminação da carcaça no abate. Os surtos de doença, que são pouco frequentes, caracterizam-se por uma queda acentuada na produção de ovos do bando. As aves gravemente afectadas estão apáticas e apresentam perda de condição. Pode haver hemorragias e necrose multifocal nos fígados.

Diagnóstico:

* **Demonstração** de bastonetes curvos com motilidade dardejante na bílis, utilizando microscópio de contraste de fase.

Tratamento e controlo:

* O sulfato de diidroestreptomicina deve ser administrado nos alimentos no início de um surto.

4. Campilobacteriose intestinal em seres humanos:

A *C. jejuni* é a principal causa e a infeção por *Campylobacter* é a causa mais frequente de **intoxicação alimentar** em muitos países. *A C. coli* e *a C. lari* estão por vezes envolvidas. Estas infecções zoonóticas são geralmente de origem alimentar. A carne de aves de capoeira é a principal fonte de infeção. A febre, a dor abdominal e a diarreia, por vezes com sangue, são os sintomas mais comuns da infeção entérica. A gastroenterite humana causada por intoxicação alimentar é raramente fatal e leva ao desenvolvimento subsequente da **síndrome de Guillain-Barré (GBS)** - uma **polineuropatia** aguda e rapidamente **progressiva**. Para além disso, a resistência antimicrobiana nas campilobactérias, em particular às fluoroquinolonas, é uma grande preocupação de saúde pública.

Capítulo n.º 11

Família *Enterobacteriaceae*

Shaheen Farooq, Z. A. Kashoo, Faheem Ud Din, Najeeb Ul Tarfain, M. I. Hussain, M. A. Bhat

Existem **mais de 28 géneros** e **mais de 80 espécies** nesta família, mas menos de metade têm importância veterinária. O termo "bactérias **coliformes**" é utilizado para descrever os organismos que residem no intestino e **fermentam a lactose**, incluindo os três géneros *Escherichia*, *Klebsiella* e *Enterobacter*. As caraterísticas gerais da família são:

- **Bastonetes Gram-negativos** (até 3μm de comprimento)
- **Oxidase -ve** (*Yersiniapestis* earlier *Pastuerellapestis* is included in this family)
- **Catalase +ve** (exceto *Shigella dysenteriae*)
- São **anaeróbios facultativos** e crescem facilmente em meios normais (não enriquecidos).
- **Podem crescer no MLA, uma vez que toleram sais biliares** (alguns fermentam a lactose, como *Escherichia*, *Klebsiella*, *Enterobacter* e *Serratia rubidaea*, enquanto outros não. Exemplos de **não fermentadores de lactose** são *Salmonella*, *Shigella*, *Proteus*, *Providencia*, *Yersinia*, *Citrobacter*, *Edwardsiella*, *Morganella* e *Serratia marcescens*)
- **Não esporulado**
- **Reduzir o nitrato (NO3) a nitrito (NO2)**
- A maioria é **móvel** por flagelos peritríquios, exceto as salmonelas das aves de capoeira, ou seja, *Salmonella* **Pullorum** e *Salmonella* **Gallinarum**, *Klebsiella*, *Shigella* e *Yersinia pestis*.
- **Fermentam a glucose** com produção de ácido e gás, exceto *Shigella dysenteriae*, *Proteus rettgeri* e algumas estirpes de *Proteus flexeneri* que são anaerogénicas.
- Vivem em liberdade na natureza e fazem parte da flora indígena do **intestino** do homem e dos animais. As enterobactérias podem ser divididas em 3 categorias:

1. **Principais agentes patogénicos:** Provocam doenças **entéricas** e **sistémicas**.
i. *Escherichia coli*: Inclui estirpes com diferentes atributos patogénicos
ii. Serotipos *de Salmonella*: *S.* Gallinarum, *S.* Dublin, *S.* Typhimurium, *S.* Enteritidis, etc.
iii. Espécies de *Yersinia*: *Y. pestis*, *Y. enterocolitica* e *Y. pseudotuberculosis*.

2. **Agentes patogénicos opurtunistas:** Ocasionalmente, causam doenças noutros locais para além do TGI.
i. Espécies de *Proteus*: *P. mirabilis*, *P. vulgaris*, *P. rettgeri*, *P. morganii*
ii. *Klebsiella pneumoniae*
iii. *Enterobacter aerogene s*
iv. Outras enterobactérias menos importantes: *Edwardsiella tarda*, *Morganella morganii* e *Serratia marcescens*.

3. **Não patogénicos:** São isolados das fezes e do ambiente como contaminantes.
i. *Hafnia*
ii. *Erwinia*

Habi tat habitual:
Habitam o trato intestinal dos animais e do homem e contaminam a vegetação, o solo e a água. **Diferenciação das *Enterobacteriaceae*:**
Para além das caraterísticas gerais da família (ver acima), algumas estirpes de *E. coli* produzem hemólise com BA.
1. Podem ser cultivadas em diferentes meios diferenciais/selectivos, tais como
- **MLA (McConkey's Lactose Bile Salt Agar):** Os sais biliares tornam-no seletivo e a

lactose torna-o um meio diferencial. **O vermelho neutro** é o corante indicador. A cor normal é rosa claro. Os fermentadores de lactose formam colónias **cor-de-rosa** e os não fermentadores de lactose formam colónias **pálidas**.

- **Ágar EMB (Eosina-Metileno Azul):** Meio seletivo para *E. coli*. A cor normal é violeta-azulada. À luz reflectida, pode ver-se um **brilho metálico esverdeado**, devido à **precipitação de azul de metileno** no meio a partir da quantidade muito elevada de ácido produzido pela fermentação **da lactose**. Trata-se de fermentadores de lactose positivos para vermelho de metilo.

As colónias de *Klebsiella* e *Enterobacter* são menos escuras. Frequentemente, observa-se um centro escuro rodeado por uma borda larga, de cor clara e mucoide - resultando numa colónia do tipo **"olho de peixe"**. As que formam este tipo de colónia são metil-vermelho-negativas, fermentadoras de lactose.

- **BGA:** O corante verde brilhante torna-o seletivo e **a lactose** e **a sacarose** tornam-no diferencial. O vermelho de fenol é um corante indicador. A cor normal é o amarelo. *A salmonela* muda de cor para **rosa.**

- **Ágar XLD (xilose-lisina-deoxicolato):** seletivo (devido ao desoxicolato, ou seja, sal biliar) e diferencial (devido aos açúcares xilose, lactose e sacarose e ao aminoácido lisina). Contém também sais de ferro para detetar o gás H_2S. O indicador é o vermelho de fenol. *As salmonelas* formam **colónias cor-de-rosa com o centro preto** (produção de H_2S). *A E. coli* torna o meio amarelo pálido

- **SSA (Ágar Salmonella Shigella):** Trata-se de um meio moderadamente seletivo, uma vez que inibe o crescimento de bactérias Gram-positivas devido aos sais biliares, ao verde brilhante e aos citratos. A lactose torna-o um meio diferencial. Os organismos que fermentam a lactose produzem ácido que, na presença do indicador vermelho neutro, resulta na formação de colónias vermelhas. Os não fermentadores de lactose formam colónias incolores. O tiossulfato de sódio e o citrato férrico permitem a deteção de H_2S, evidenciado por colónias com centros negros.

- **DCA (Ágar Citrato Desoxicolato):** Meio seletivo e diferencial para *Salmonella*. Os organismos Gram-positivos, coliformes e muitos *Proteus spp*, são altamente inibidos pelo aumento da concentração de citrato de sódio e desoxicolato de sódio. A lactose torna-o um meio diferencial. O citrato férrico ajuda na deteção de H_2S. O vermelho neutro é um indicador de pH. As bactérias que fermentam a lactose formam colónias vermelhas. As bactérias fermentadoras de lactose podem apresentar uma zona de precipitação de desoxicolato à sua volta. As bactérias não fermentadoras de lactose aparecem como colónias incolores. As produtoras de H_2S têm centros negros.

- **Ágar entérico Hektoen:** É um meio seletivo e diferencial concebido para isolar e diferenciar membros das espécies *Salmonella* e *Shigella* de outras *Enterobacteriaceae*. Os sais biliares e os corantes azul de bromotimol e fucsina ácida inibem o crescimento da maioria dos organismos Gram positivos. A lactose, a sacarose e a salicina fornecem hidratos de carbono fermentáveis para incentivar o crescimento e a diferenciação dos entéricos. O tiossulfato de sódio fornece uma fonte de enxofre. O citrato férrico de amónio fornece uma fonte de ferro para permitir a produção de H_2S a partir do tiossulfato de sódio, que fornece uma fonte de enxofre. O citrato férrico de amónio também permite a visualização da produção de H_2S ao reagir com o gás H_2S para formar um precipitado negro. Os entéricos que fermentam um ou mais dos hidratos de carbono produzem colónias de cor amarela a salmão. Os não fermentadores produzirão colónias azul-esverdeadas. Os organismos que reduzem o enxofre a

H2S produzem colónias pretas ou colónias azul-esverdeadas com um centro preto.

2. Morfologia das colónias:

1. **Altamente mucoide** em *Klebsiella*, **mucoide** em *Enterobacter* e em raros isolados de *E. coli*. ii. **Enxameação** em *Proteus*.

111.**Pigmentação vermelha** em *Serratia marcescens* devido ao pigmento vermelho **prodigiosina**.

3. Reacções na ETI

4. Testes bioquímicos adicionais: IMViC, LDC, Urease, SIM, etc.

5. Kits comerciais de testes bioquímicos

6. Serotipagem de espécies de *E. coli*, *Salmonella* e *Yersinia*: São utilizados os antigénios O (somático), H (flagelar) e capsular (K). Por exemplo, *a E. coli* **O157: H7** é a mais patogénica, causando colite hemorrágica (HC) ou síndrome uraémica hemolítica (HUS). O género *Salmonella* tem mais de 2400 serótipos.

7. Técnicas moleculares baseadas na análise de ácidos nucleicos, como a PCR.

As caraterísticas diferenciais dos agentes patogénicos de *Enterobacteriaceae* de grande importância são as seguintes

E. coli caraterística		*Salmonela*	*Yersinia*	*Proteus*	*Enterobacter*	*Klebsiella*
Culturais caracteres hemolíticas	Alguns estirpes	Gotas orvalho colónias	de como	Crescimento de enxames	Mucoide	Altamente mucoide
Motilidade Móvel	(30°C)	Móbil[1]	Móbil[2]	Móbil	Móbil	Não-móveis
Lactose ferm.	+	-	-	-	+	+
Testes IMVic						
Indole prod.	+	-	V	±[3]	-	-
Teste M.R.	+	+	+	+	-	-
Teste V.P.	-	-	-	-	+	+
Utilização de citrato.	-	+	-	V	+	+
H2S pord. (ETI)	-	+	-	+	-	-
Lisina DC	+	+	-	-	+	+
Urease	-	-	+2	+		+

1= S. Gallinarum & S. Pullorum não são móveis3= *Pr. vulgaris* +; *Pr. mirabilis* -
2= exceto *Y.* PestisV= a reação varia

Escherichia coli

Tem diferentes tipos de antigénios, como o somático (O) composto por LPS, o flagelar (H) composto por proteínas, o capsular (K) composto por polissacarídeos e os antigénios fimbriais proteicos (F).

Coloniza o trato intestinal dos mamíferos pouco depois do nascimento e permanece como flora normal do intestino durante toda a vida. Algumas estirpes de *E. coli* de baixa virulência podem causar infecções oportunistas em locais extra-intestinais como a **glândula mamária** ou **o trato urinário**. As estirpes patogénicas têm factores de virulência através dos quais colonizam as superfícies mucosas e produzem doença.

Os factores predisponentes para a colonização e a suscetibilidade à doença são:
- Imunidade colostral insuficiente ou inexistente

- Exposição intensa a estirpes patogénicas de *E. coli*
- A sobrelotação e a falta de higiene conduzem a um aumento da transmissão.
- Flora normal dos recém-nascidos não totalmente estabelecida
- Sistema imunitário naïve dos recém-nascidos (pode não ser imunocompetente)
- Os receptores para as adesões ETEC estão presentes apenas durante a primeira semana de vida dos vitelos.
- Os suínos retêm receptores para algumas aderências na idade pós-desmame (diarreia pós-desmame).
- A acumulação de nutrientes não digeridos e não absorvidos favorece a replicação da *E. coli*.
- Factores de stress como a temperatura ambiente fria e a mistura frequente de animais.

As estirpes patogénicas e os seus efeitos clínicos são apresentados sob a forma de fluxograma na figura da página seguinte.

Patogénese e patogenicidade:

Os factores de virulência são a cápsula, a endotoxina, as estruturas que ajudam na colonização como as fímbrias, as enterotoxinas e outras substâncias segregadas (verotoxinas e CNF).

- **Os polissacáridos capsulares** produzidos por algumas estirpes são **antifagocíticos** e **fracamente antigénicos** e interferem com os efeitos antibacterianos do sistema do complemento.
- **A endotoxina (LPS)** causa pirogenicidade, danos endoteliais que conduzem a **DIC** e **choque endotoxaémico**, que é importante na doença septicémica.
- **As adesões fimbriais** presentes em muitas **ETEC** ajudam a fixar-se às superfícies mucosas do intestino delgado e do trato urinário inferior. As adesinas mais importantes incluem **a K88 (F4)** em suínos, **a K99 (F5)** em vitelos e cordeiros, **a 987P (F6)** em suínos e **a F41** em vitelos. O número de receptores para as adesinas K88 nos enterócitos dos suínos é controlado geneticamente e diminui com a idade. A resistência à colonização por *E. coli* portadora de 987P desenvolve-se até às 3 semanas de idade. Tanto as adesinas K88 como as K99 são codificadas por **plasmídeos**.
- É necessária uma adesão, designada por **intimina**, para a ligação de **EPEC** aos enterócitos.
- **As enterotoxinas** afectam apenas **a atividade funcional**, enquanto **as verotoxinas** e os **factores necrosantes citotóxicos (CNF)** causam **danos celulares**.

São produzidos dois tipos de enterotoxinas, ou seja, **termolábeis (LT)** e **termoestáveis (ST)**. A LT tem mais dois subgrupos LT1 e LT2. A LT1 (de ETEC de suínos) produz hipersecreção de fluido no intestino através da ativação da enzima **adenilato ciclase**, o que leva a um aumento de AMPc que conduz à purgação. O LT2 foi isolado de algumas estirpes de ETEC de bovinos. **Os STa** de estirpes de ETEC de suínos, bovinos, ovinos e humanos provocam um aumento da atividade da **guanilato ciclase**, levando a um aumento do GMPc intracelular, que estimula a secreção de fluidos e electrólitos para o S.I. e **inibe a absorção de fluidos**. O efeito citotóxico da STb não é conhecido.

As verotoxinas (VT), também conhecidas como toxina semelhante à shiga (**SLT**), são estrutural, funcional e antigenicamente semelhantes à **toxina shiga** produzida pela *Shigella dysenteriae*. A toxina é **termolábil** e letal para as células **Vero** (rim de macaco verde africano) em cultura. A *E.coli* verotoxigénica (VTEC), após colonização, danifica os enterócitos e a verotoxina, após a sua absorção a partir de enterócitos danificados, causa danos nas células endoteliais no SNC de suínos. Esta toxina inibe a síntese proteica em células eucarióticas. O grau de dano causado pela verotoxina está relacionado com os receptores presentes nessa parte. A lesão vascular provoca edema (doença do edema dos suínos por VTe), hemorragia e trombose.

Os factores necrosantes citotóxicos (CNF) são de dois tipos, ou seja, CNF1 e CNF2. O CNF1 é codificado por um cromossoma, enquanto o CNF2 é codificado por um plasmídeo transmissível denominado Vir. Embora produzam alterações patológicas em animais de laboratório e em CT, o seu papel nas doenças que ocorrem naturalmente não é conhecido.

• **A alfa-hemolisina** produzida por estirpes isoladas de suínos com edema e diarreia ajuda a aumentar a disponibilidade de ferro para as bactérias invasoras.

• **Sideróforos,** moléculas que se ligam ao ferro, como a aerobactina e a enterobactina, que ajudam as bactérias a sobreviver nos tecidos onde o teor de ferro é baixo.

• *E. coli* patogénica que não possui **factores** de virulência definidos:

J **Anteriormente,** a *E. coli* enteropatogénica (**EPEC**) era utilizada para todas as estirpes patogénicas, mas atualmente é utilizada como sinónimo de *E. coli* **aderente/extraível (AEEC).**

J Embora as AEEC produzam verotoxinas, estas não estão diretamente envolvidas na patogénese das lesões entéricas. Os AEEC produzem apagamento das microvilosidades, esfoliação prematura dos enterócitos e distorção das vilosidades. A erosão epitelial resulta em disenteria.

J O termo *E. coli* entero-hemorrágica (**EHEC**) é utilizado para estirpes como a O157:H7 que causam disenteria nos seres humanos.

Infecções clínicas de *E. coli* (ver fluxograma):
1. **Infecções intestinais (colibacilose entérica, diarreia neonatal)**
2. **Septicemia (colisepticemia, colibacilose sistémica)**
3. **Toxemia (toxemia colibacilar, como a PWD e a doença do edema em suínos mais velhos) 4. Infecções localizadas não entéricas envolvendo ITU, glândulas mamárias e útero.**

Diagnóstico:
A idade e a espécie dos animais afectados, os sinais clínicos e a duração da doença sugerem o tipo de infeção e a categoria da doença.

• As amostras adequadas incluem amostras fecais de infecções entéricas, amostras de tecidos de casos septicémicos, leite mastítico, amostras de urina a meio do fluxo e esfregaços cervicais de casos de piometria e metrite.

• Isolamento do organismo em BA ou MLA após incubação de 24 horas a 37°C. O isolamento a partir de sangue ou de outros tecidos em casos septicémicos é confirmatório.

• Identificação por colónias acinzentadas, redondas e brilhantes, com cheiro caraterístico e hemolíticas/não hemolíticas em BA.

Colónias cor-de-rosa no MLA (fermentador de lactose)

Brilho metálico esverdeado caraterístico no EMBA

Os testes IMViC são + + -

Testes bioquímicos como catalase, oxidase, SIM, urease, LDC, fermentação de açúcar.

Serotipagem dos antigénios O e H para identificar os serótipos

• Estirpes enterotoxigénicas de *E. coli* (ETEC), a confirmação de enterotxinas ou antigénios fimbriais é feita por **métodos** imunológicos/técnicas moleculares como **a PCR.**

Métodos baseados em **MoAb** (disponíveis comercialmente) para a deteção de enterotoxinas

ELISA/aglutinação em látex para identificar antigénios fimbriais. Para a expressão dos antigénios fimbriais, é utilizado **o meio Minca**.

Sondas de ADN específicas para os genes que codificam as enterotoxinas LT e ST de ETEC.

- As estirpes VTEC e necrotoxigénicas são detectadas por **ensaios em células Vero**.
- Métodos moleculares (PCR) baseados na deteção de genes que codificam toxinas.

Tratamento:

- Na diarreia neonatal em vitelos, o leite é retirado e são administrados fluidos com electrólitos por via oral. Terapia parentérica de substituição de fluidos em vitelos gravemente desidratados
- Terapia I/v com gamaglubulina em vitelos com hipogamaglobulinemia.
- Administração oral de antibióticos activos do TGI em doenças entéricas. Administração parentérica de antibióticos em infecções sistémicas e localizadas. CST efectuada para conhecer o antibiótico específico.
- A infusão intramamária de antibiótico na mastite coliforme é de uso limitado devido a danos extremos nos tecidos locais. É necessária uma remoção constante para eliminar o material tóxico e evitar o choque.

Controlo:

- A alimentação com colostro logo após o nascimento ajuda a prevenir a colonização do intestino. A absorção diminui após o nascimento e é insignificante às 36 horas.
- Deveria ser proporcionado aos animais recém-nascidos um ambiente limpo e quente.
- Os novos alimentos são introduzidos gradualmente, uma vez que uma mudança súbita pode causar a doença de PWD/edema.
- A vacinação tem um valor limitado devido aos diferentes serotipos envolvidos.

J Nas **porcas peganhentas**, são utilizadas **vacinas mortas** disponíveis no mercado, contendo **serótipos patogénicos polivalentes**. Em alternativa, podem ser utilizadas vacinas **autógenas, mortas,** preparadas a partir de estirpes de *E. coli* provenientes de surtos de doenças numa exploração.

J Em **vacas prenhes, as** preparações **purificadas de** *E. coli* **K99 fimbrial** ou **de células inteiras mortas**, frequentemente combinadas com **antigénio de rotavírus**, aumentam a proteção.

Serotipos *de Salmonella*

As Salmonellae são normalmente móveis (exceto *S.* Pullorum e *S.* Gallinarum) e não fermentam a lactose. Existem mais de 2400 serotipos neste género. A serotipagem baseia-se no esquema de Kaufmann e White, no qual são identificados os antigénios somáticos (O) e flagelares (H). Alguns têm um antigénio capsular adicional (Vi), como *S.* Dublin e *S.* Typhi .

Classificação: Só existem **duas espécies**

1. *Salmonella bongori*: Todas são **não patogénicas** e incluem apenas 0,5% de todos os serótipos. ii. *Salmonella enterica*: Está ainda dividida em **6 subespécies** que podem ainda ter **serótipos** e **biótipos:**

1. *Salmonella enterica* subespécie *enterica*: inclui a maioria das salmonelas de importância veterinária. Para além disso, existem **diferentes serótipos** como:

- *Salmonella enterica* subespécie *enterica* **serotipo Gallinarum** (*S.* Gallinarum) Tem **2 biótipos:**

(a) *S. enterica* subsp. *enterica* serotipo Gallinarum **biótipo Gallinarum (b)** *S. enterica* subsp. *enterica* serotipo Gallinarum **biótipo Pullorum**

- *Salmonella enterica* subsp. *enterica* **serotipo Typhimurium** (S. Typhimurium) -

Salmonella enterica subsp. *enterica* **serotipo Enteritidis** (*S.* Enteritidis)

2. *Salmonella enterica* subespécie *arizonae*
3. *Salmonella enterica* subespécie *diarizonae*
4. *Salmonella enterica* subespécie *houtinae*
5. *Salmonella enterica* subespécie *indica*
6. **Os serótipos de** *Salmonella enterica* subespécie *salamae* **podem ser classificados do seguinte modo**

1. **Adaptada ao anfitrião:**
- *S.* Typhi e *S.* **Paratyphi (humanos)**
- S. Pullorum e S. **Gallinarum (aves de capoeira)**
- *S.* **Dublin (gado)**
- *S.* **Abortus equi (cavalos)**
- *S.* **Abortus ovis (ovino)**
- *S.* **Typhisuis e S. Choleraesuis (suínos)**
2. **Não adaptada ao hospedeiro** (que pode afetar muitas espécies de animais):
- *S.* **Typhimurium e** *S.* **Enteritidis**

Os serótipos de Salmonella encontram-se em todo o mundo e infectam **mamíferos, aves** e **répteis**, sendo excretados principalmente nas suas **fezes**. Embora possa entrar através do trato respiratório superior (URT) e da conjuntiva, **a ingestão** é a principal via de infeção. Pode ser encontrada na água, no solo, nos alimentos para animais (farinha de peixe, farinha de ossos), na carne crua e nas vísceras, bem como em materiais vegetais. As fezes são a fonte de contaminação ambiental. Nas aves de capoeira, alguns serotipos como *a Salmonella* Enteritidis infectam os ovários e os organismos podem ser isolados dos ovos. Pode sobreviver em solo húmido e sombreado durante até 9 meses.

Patogénese e patogenicidade:

A virulência deve-se à capacidade de **invadir** as células hospedeiras, de **se replicar** nelas e de **resistir à digestão** pelos **fagócitos** e à destruição pelo **complemento** (ambos os processos contribuem para a **propagação**). Depois de aderir (através das fímbrias) à mucosa do intestino, a bactéria induz a agitação das membranas celulares. Esta agitação facilita a absorção das bactérias em vesículas ligadas à membrana, que frequentemente coalescem. As salmonelas replicam-se então dentro destas vesículas e acabam por ser libertadas com danos ligeiros ou transitórios nas células hospedeiras. O complexo processo de invasão é mediado por um conjunto de genes cromossómicos, enquanto o crescimento no interior das células hospedeiras depende dos plasmídeos de virulência.

A catalase bacteriana e **a superóxido dismutase** (SOD) ajudam a minimizar os efeitos tóxicos dos radicais livres produzidos pelos fagócitos. Tanto a **composição química** como o **comprimento das** cadeias de **antigénio O** do **LPS** afectam a resistência à morte pelo complemento. As cadeias longas de LPS impedem que o complexo de ataque à membrana (MAC) se insira na membrana celular das bactérias e a danifique. Alguns tipos de LPS activam o complemento a uma taxa inferior, pelo que permanecem protegidos. Os LPS também causam **choque endotóxico** devido ao lípido A, a parte tóxica, que é geralmente observada na salmonelose septicémica. O LPS também pode causar uma reação inflamatória local que danifica as células epiteliais intestinais, resultando no desenvolvimento de diarreia.

Infecções clínicas:

Pode variar desde o estado de portador subclínico até à septicemia aguda e fatal (caraterística comum dos serotipos adaptados ao hospedeiro). **Os carnívoros adultos saudáveis são inatamente resistentes à salmonelose.**

1. **Portador ativo/ persistente:** Um grande número (normalmente $>10^5$ organismo/g de fezes) de organismos é excretado de forma persistente nas fezes.

2. **Portador passivo:** Os organismos estão confinados apenas ao trato intestinal e são excretados de forma intermitente, com pouca ou nenhuma invasão dos MLN.

3. **Portador latente:** Os organismos não são excretados nas fezes, mas estão presentes escondidos no corpo, como na vesícula biliar, e são excretados quando há stress.

Localiza-se normalmente nas mucosas do íleo, do ceco e do cólon, bem como nos gânglios linfáticos mesentéricos (MLN) dos animais infectados. Após a infeção aguda, a maior parte das salmonelas é eliminada dos tecidos, mas **a infeção subclínica** pode persistir com um pequeno número de organismos excretados nas fezes, o que constitui uma evolução para o **estado de portador (um sinal de infeção por salmonelas)**. Também se observam **infecções latentes**, em que os organismos estão presentes na vesícula biliar mas não são excretados. Assim, o estado de portador pode ser de 3 tipos:

Qualquer stress leva à transformação da infeção subclínica/latente em infeção clínica, por exemplo

- Infecções intercorrentes
- Transporte
- Sobrelotação
- Gravidez
- Temperaturas ambiente extremas
- Privação de água
- Terapia antimicrobiana oral
- Mudança brusca de ração que altera a flora intestinal
- Intervenções cirúrgicas que requerem anestesia geral

O resultado clínico da doença deve-se à interação dos seguintes factores **bacterianos** e **do hospedeiro:**

1. Estado imunológico

SalmonellaeSusceptibilidade ao hospedeiro

1. Número e
2. Virulência dos organismos ingeridos
3. Composição genética
4. Idade do animal (jovem/velho)

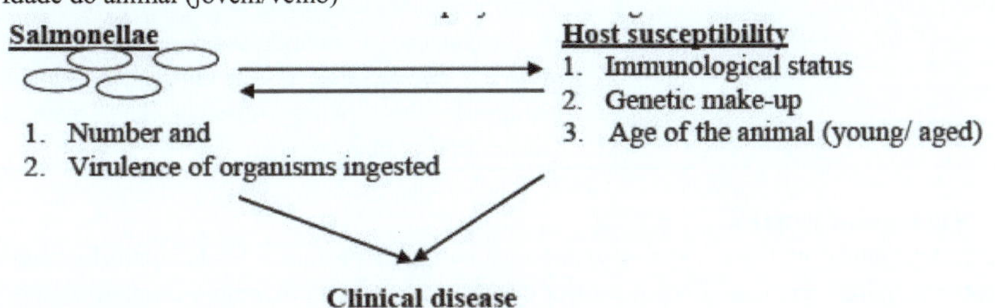

Doença clínica

Os serotipos de Salmonella de importância clínica são:

45

Serotipo *de* Salmonella	Anfitrião	Estado de doença
	Muitas espécies animais	Enterocolite e septicemia
	Humanos	Intoxicação alimentar
	Bovinos	**Muitas doenças, incluindo o aborto**
	Ovinos, cavalos, cães	Enterocolite e septicemia
S. Typhimurium	Suínos	Enterocolite e septicemia
S. Dublim	Pintos (jovens)	**Doença de Pullorum (Diarreia branca bacilar)**
S. Choleraesuis	Aves adultas	**Tifo aviário**
S. Pullorum	Humanos	**Tifoide**
S. Gallinarum	Perus	Arizona ou infeção do paracólon
S. Typhi	Aves de capoeira	Infecção frequentemente subclínica
S. Arizonae	Muitas outras espécies	Doenças clínicas nos mamíferos
S. Enteritidis	Humanos	Intoxicação alimentar
S. Brandenburgo	Aborto de ovelhas	

S. Dublin causa uma variedade de doenças nos bovinos:

Resultado da infeção/ grupo etário	Comentários
Excretores fecais subclínicos/ todas as idades	Resultado da maioria das infecções. Pequenos números de organismos excretados intermitentemente nas fezes. *Salmonella* presente na vesícula biliar. Não há excreção. Enterocolite com diarreia de odor fétido contendo sangue, muco, fragmentos epiteliais ou cilindros.
Portadores latentes/ todas as idades	
Doença entérica aguda ou **crónica/** todas as idades	
Septicemia/ todas as idades	
Aborto	Doença fatal com febre e depressão. Diarreia ou disenteria . Diminuição drástica da produção de leite nas vacas leiteiras. Os vitelos que sobrevivem à doença aguda podem desenvolver artrite (doença das articulações), meningite/pneumonia. Registada na Europa. Podem não ser observados quaisquer sinais de doença. Pode seguir-se a uma septicemia ou a uma infeção umbilical. Envolve frequentemente as vértebras cervicais ou os ossos dos membros distais. Na osteomielite cervical, os sinais nervosos estão relacionados com a compressão da medula espinal.
Doença das articulações/bezerros	
Osteomielite/animais jovens	
Gangrena seca terminal/bezerros	A coagulação intravascular disseminada (CID) devida a endotoxemia resulta em isquémia local e gangrena das partes distais dos membros posteriores, orelhas e cauda.

- **Salmonelose entérica:**

Na doença aguda, há febre, depressão, anorexia e diarreia profusa e fétida contendo sangue, muco e cilindros epiteliais. Podem ocorrer desidratação e perda de peso e observa-se aborto em animais prenhes. A enterocolite crónica que ocorre após a doença aguda é caracterizada por febre intermitente, fezes moles e perda de peso gradual que conduz à emaciação.

- **Salmonelose septicémica:**

É uma doença frequente com serótipos adaptados ao hospedeiro. Verifica-se sobretudo em vitelos, potros neonatais e suínos com menos de 4 meses de idade. A doença tem um início súbito, com febre alta, depressão e reclinação. Se não forem tratados a tempo, os animais afectados podem morrer no prazo de 48 horas. Os animais que sobrevivem desenvolvem diarreia persistente, artrite, meningite ou pneumonia.

A *Salmonella* Choleraesuis (bacilo da cólera dos suínos) produz carateristicamente **uma descoloração azulada** das orelhas e do focinho. Os sintomas devem ser diferenciados dos do vírus da peste suína clássica, que pode causar infecções intercorrentes.

- **Salmonelose em aves de capoeira:**

S. Pullorum, *S.* Gallinarum e *S.* Enteritidis podem infetar os ovários das galinhas e, por conseguinte, podem ser transmitidos através dos ovos (transmissão vertical), mas também através da via fecal-oral ou mesmo de aerossóis para outras aves (transmissão horizontal). A intoxicação alimentar humana deve-se ao consumo de ovos mal cozinhados/pratos de ovos contaminados com *S.* Enteritidis.

A doença de Pullorum ou diarreia branca bacilar (*S.* Pullorum) infeta os pintos jovens e os perus até às 2-3 semanas de idade. Verifica-se uma elevada taxa de mortalidade e as aves afectadas amontoam-se debaixo de uma fonte de calor, apresentando-se anorécticas, deprimidas e com **fezes esbranquiçadas à volta dos respiradouros**. As lesões caraterísticas são nódulos esbranquiçados nos pulmões e necrose focal do fígado e do baço.

O tifo aviário (*S.* Gallinarum) pode produzir lesões semelhantes às da doença pullorum em pintos e frangos jovens. A lesão caraterística é um **fígado aumentado, friável, corado com bílis (descoloração bronzeada)** e um baço aumentado. Uma vez que tanto *o S.* Pullorum como *o S.* Gallinarum têm antigénios somáticos (O: 9, 12) semelhantes, ambos foram erradicados de muitos países através de testes serológicos e de políticas de abate.

A febre aftosa é o nome dado às infecções das aves de capoeira causadas por salmonelas não adaptadas ao hospedeiro, como a *S.* Enteritidis/*S.* Typhimurium. Estas infecções são geralmente subclínicas.

Diagnóstico:

- A história da doença, a idade dos animais afectados e os sinais clínicos podem sugerir a doença.
- **Lesões P.M.** como **descoloração bronzeada do fígado na febre tifoide aviária**, ou enterocolite com conteúdo luminal manchado de sangue e MLNs aumentados.
- **Os espécimes** para confirmação laboratorial são fezes e sangue (para isolamento ou serologia) de animais vivos. Conteúdo intestinal/lesões tecidulares de animais mortos e conteúdo estomacal de fetos abortados em casos de aborto.
- **Demonstração (indireta):** os anticorpos podem ser detectados através de **testes de aglutinação** (teste de aglutinação em lâmina com antigénio colorido de *S.* Pullorum corado com violeta de cristal para a febre tifoide aviária/doença pullorum ou **teste de Widal** para a febre tifoide humana) ou **ELISA**. O aumento do título de anticorpos em amostras de soro emparelhadas com 21 dias de intervalo é indicativo de infeção ativa.
- **O isolamento** do organismo (sangue/órgãos parenquimatosos) é confirmatório na septicemia.

J Um forte crescimento de organismos em placas diretamente inoculadas com fezes/conteúdo intestinal/conteúdo abomasal fetal sugere uma infeção ativa.

J Um menor número de colónias indica um estado de portador.

J As amostras devem ser cultivadas **diretamente** em **BGA** e **XLD**, bem como colocadas em qualquer um dos **meios de enriquecimento**, como **o meio Rappaport/ caldo de selenito/ caldo de tetrationato** e incubadas a 37°C (ou 43°C se *Proteus* estiver presente como contaminante) durante 48h. A subcultura é feita a partir do meio de enriquecimento para qualquer um dos meios selectivos após 24 e 48 horas a 37°C.

* **Identificação dos isolados:**

J Em BGA, as colónias e o meio são vermelhos. Em XLD, colónias vermelhas com centro preto (H2S). *J* Em TSI, colónias vermelhas e amarelas com escurecimento, teste LDC +ve. Outros testes bioquímicos. *J* **Tipagem serológica** utilizando anti-soros poli O e, em seguida, anti-soros específicos contra antigénios O e H. Os serótipos com antigénios O comuns são atribuídos a um serogrupo (quadro)

Tabela: Antigénios somáticos (O) e flagelares e serogrupos de serotipos selecionados de _Salmonella_

Serotipo	Serogrupo	Antigénios somáticos (O)	Antigénio flagelar (H)	
			Fase 1	Fase 2
S. Paratyphi A	A	1, 2, 12,	a	[1, 5]
S. Typhimurium	B	1, 4, [5], 12	i	1, 2
S. Choleraesuis	C	6, 7	c	1, 5
S. Choleraesuis biótipo Kunzendorf C1		6, 7	[c]	1,5
S. Typhi	D1	9, 12, [Vi]	d	-
S. Enteritidis	D1	1, 9, 12	g, m	[1, 7]
S. Dublim	D1	1, 9, 12, [Vi]	g, p	-
S. Gallinarum	D1	1, 9, 12,	g, p	-
S. Pullorum	D1	9, 12,	g, p	-
S. Anato	E1	3, 10	e, h	1, 6

Os serótipos com antigénios flagelares (H) em duas fases, fase 1 (específica) e fase 2 (não específica), são denominados **difásicos**. As fases alternativas podem ser determinadas por um processo denominado **"mudança de fase"**, utilizando um tubo de vidro especial (**tubo Craigie**) aberto em ambas as extremidades, que é mantido dentro do meio semi-sólido misturado com antissoro contra antigénios H de uma fase específica.

A biotipagem (com base em testes bioquímicos) é necessária para serótipos que são antigenicamente semelhantes, como *S.* Pullorum e *S.* Gallinarum

Teste bioquímico	*Salmonella* Pullorum	*Salmonella* Gallinarum
Gás proveniente da fermentação da glucose	+	-
ODC (ornitina descarboxilase)	+	-
Fermentação da ramnose	+	-
Fermentação da maltose	-	+
Fermentação do dulcitol	-	+
Motilidade	-	-

A tipagem fágica (para estudos epidemiológicos) é efectuada para identificar isolados com resistência múltipla aos medicamentos e virulência reforçada; por exemplo, o *S.* **Typhimurium DT (tipo definitivo) 104** tem resistência múltipla aos medicamentos e **o S. Enteritidis PT (tipo fágico) 4**, encontrado em produtos de aves de capoeira, é uma causa comum de intoxicação alimentar nos seres humanos.

As sondas de ADN podem ser utilizadas para analisar um grande número de amostras fecais.

Tratamento:

* Terapia antibiótica por CST, uma vez que a resistência múltipla aos medicamentos é comum devido aos plasmídeos R.

* Antibióticos orais para doenças entéricas que devem ser utilizados judiciosamente, uma vez que podem alterar a flora normal, prolongar a duração da excreção de salmonelas e aumentar a probabilidade de resistência aos medicamentos. Antibioticoterapia intravenosa para a doença septicémica.

* Terapia de substituição de fluidos e electrólitos para combater a desidratação e o choque.

Controlo:

* Medidas **para excluir a infeção de uma manada/bando indemne de salmonelose**:

Deve ser implementada uma política de pastoreio próximo

Os animais devem ser adquiridos de fontes fiáveis e mantidos em isolamento até apresentarem resultados negativos para a presença de salmonelas em três amostras consecutivas.

Evitar a contaminação dos alimentos e da água. **O controlo dos roedores** é importante.

O pessoal que entra nas incubadoras deve usar vestuário e calçado de proteção.

* Medidas para **reduzir a contaminação ambiental**:

Limpeza e desinfeção eficazes e de rotina dos edifícios e equipamentos.

Deve ser evitada a sobrepopulação e o excesso de animais.

O chorume deve ser espalhado em terras aráveis. Deve decorrer um intervalo de, pelo menos, 2 meses antes de ser permitido o pastoreio nas pastagens após a aplicação do chorume.

Evitar a utilização contínua de cercados para animais susceptíveis.

* Estratégia para **aumentar a resistência e reduzir a probabilidade de doenças clínicas**:

Vacinação de bovinos, ovinos, aves de capoeira e suínos. As vacinas vivas modificadas que estimulam tanto a resposta humoral como a CMI são preferidas às bacterinas.

Melhores práticas de gestão para reduzir todos os factores de stress (ver anterior).

Deve evitar-se a administração de antimicrobianos como profilaxia/promoção do crescimento.

* Medidas de **controlo de um surto de salmonelose**:

Deteção e eliminação da fonte de infeção.

Isolamento de animais clinicamente afectados.

A circulação de animais, veículos e pessoas deve ser controlada.

São utilizados pedilúvios com um desinfetante adequado, como o iodofórmio a 3%.

É essencial eliminar cuidadosamente as carcaças e o material de cama contaminados.

Os edifícios e os utensílios contaminados devem ser devidamente limpos e desinfectados.

Para superfícies limpas, utiliza-se uma **solução a 3% de hipoclorito de sódio ou de iodóforo**.

Os desinfectantes fenólicos são adequados para edifícios com matéria orgânica residual.

A fumigação com formaldeído é mais eficaz para desinfetar os aviários.

A vacinação do efetivo bovino durante um surto pode limitar a propagação da doença.

Os seres humanos devem estar cientes de que podem contrair a infeção a partir de animais clinicamente afectados.

Espécies de *Yersinia*

As Yersinia não fermentam a lactose e, à exceção da *Y. pestis*, são móveis.

Embora existam >10 espécies neste género, apenas 3 são patogénicas para o homem e para os animais, ou seja

Y. pestis, Y. enterocolitica e *Y. pseudotuberculosis.*

Infecções causadas por *Yersinia*

Espécies de *Yersinia*	**Anfitriões**	**Consequências das infecções**
Y. enterocolitica	Suínos, outros animais domésticos, ocasionalmente e	infecções entéricas subclínicas, enterites de animais selvagens
	Ovelhas	**Aborto esporádico**
	Humanos	**Gastroenterocolite**
Y. psedotuberculosis	Veados de criação, ovinos, caprinos, bovinos, búfalos, suínos	Enterite em animais jovens, **infecções subclínicas comuns em animais mais velhos**, linfadenite mesentérica **Aborto esporádico**
Bovinos, ovinos, caprinos índia, **animais de laboratório**	**Porquinhos-da-**	Necrose hepática focal, **septicemia** Septicemia
Aves em gaiolas Humanos		Enterocolite, linfadenite mesentérica
Y. pestis	Humanos Roedores Gatos	Peste bubónica (morte negra) e pneumónica Peste silvestre Peste felina

A Y. ruckeri causa **a doença da boca vermelha** (inflamação hemorrágica peri-oral) em **trutas**.

O crescimento das Yersiniae é menos rápido do que o de outros membros da família *Enterobacteriaceae* e apresentam uma coloração bipolar caraterística em esfregaços corados com Giemsa.

A serotipagem e a biotipagem são efectuadas para identificar as yersinae patogénicas. Existem 10 serotipos de *Y. pseudotuberculosis* e a maioria dos isolados pertence aos serotipos I, II e III. Existem 5 biótipos e mais de 50 serótipos de *Y. enterocolitica* e as infecções clínicas são causadas principalmente pelos antigénios somáticos 2, 3, 5, 8 e 9. O serótipo **O:9 partilha antigénios** com **espécies de *Brucella*,** pelo que pode dar reacções falsas positivas em testes de aglutinação de *Brucella*.

Y . pseudotuberculosis e *Y. enterocolitica* encontram-se no trato intestinal de uma grande variedade de mamíferos selvagens, aves e animais domésticos que actuam como reservatórios da infeção. Muitas espécies de aves actuam como hospedeiros amplificadores e transferem os organismos mecanicamente. Ambas as espécies podem crescer numa vasta gama de temperaturas (**5-42°C**) e sobreviver durante longos períodos em condições húmidas e frescas.

Nas zonas endémicas, **os roedores selvagens** são reservatórios importantes de *Y. pestis*. As pulgas, especialmente a ***Xenopsylla cheopis*,** a **pulga do rato oriental**, transmitem a infeção ao homem e a outros animais. **Patogénese e patogenicidade:**

As yersiniae patogénicas são organismos facultativamente intracelulares que possuem genes plasmídicos e cromossómicos que codificam factores de virulência que são necessários para a sobrevivência e multiplicação nos macrófagos. *A Y. pseudotuberculosis* e *a Y. enterocolitica* são menos virulentas do que *a Y. pestis* e raramente produzem infecções generalizadas. Os yersinae que causam infecções entéricas entram na mucosa através das **células M das placas de Peyer**. A adesão e a subsequente invasão através destas células são levadas a cabo por factores como a **invasina** e **as proteínas de adesão/invasão** que têm uma afinidade para as **integrinas** na superfície celular. A partir da mucosa, os organismos são engolidos por macrófagos nos quais sobrevivem e são transportados para os MLNs. A replicação nos MLNs causa lesões necróticas e infiltração de neutrófilos. A sobrevivência da *Y. pseudotuberculosis* e da *Y. enterocolitica* é reforçada por proteínas antifagocíticas segregadas pelos organismos que interferem com o funcionamento normal dos neutrófilos.

Y . pestis é mais invasivo e possui factores de virulência adicionais, como a cápsula de proteína antifagocítica (Fração 1) e um ativador do plasminogénio que ajuda à disseminação sistémica. A endotoxina também contribui para a patogénese da doença.

Infecções clínicas (ver quadro acima):

Y . pseudotuberculosis causa infecções entéricas. A forma septicémica da doença é conhecida como **pseudotuberculose**, que pode ocorrer em roedores de laboratório e aves de aviário.

Y . enterocolitica é principalmente um agente patogénico entérico humano. O porco é o reservatório natural do serótipo O: 3 e do biótipo 4, que é um importante agente patogénico humano.

Y . pestis é a causa da peste bubónica humana (**morte negra**), mas pode infetar tanto cães como gatos em áreas endémicas.

Yersiniose entérica:

A enterite causada por *Y. pseudotuberculosis* é relativamente comum em veados de criação jovens, mas também é observada em búfalos, ovinos, caprinos e bovinos com menos de 1 ano de idade. A infeção subclínica é comum e a doença clínica surge após factores de stress como a má nutrição, o desmame, o frio húmido e o transporte. No tempo frio e húmido, os organismos sobrevivem durante mais tempo nas pastagens, o que leva à transmissão fecal-oral.

A enterite em veados e cordeiros jovens é caracterizada por diarreia aquosa, por vezes com manchas de sangue, que pode ser rapidamente fatal se não for tratada. O conteúdo luminal do intestino delgado e grosso é aquoso e observa-se hiperemia da mucosa após a morte. A ulceração da mucosa é observada em casos graves. Os MLNs estão frequentemente aumentados e edematosos e podem estar presentes no fígado focos necróticos pálidos dispersos.

Uma enterocolite clinicamente semelhante, mas menos grave, causada por *Y. enterocolitica* é observada em ruminantes jovens.

Diagnóstico:

• As espécies e os grupos etários afectados, especialmente durante o tempo frio e húmido, sugerem yersiniose.

• Histologicamente, as lesões intestinais mostram muitos organismos em microabscessos na mucosa.

• Isolamento e identificação para confirmação de *Y.* pseudotuberculosis/*Y. enterocolitica*.

J As amostras de tecido podem ser colocadas diretamente em placas de BA e MLA a 37°C durante 72 h em modo aeróbio.

J As amostras fecais podem ser plaqueadas diretamente em meios selectivos especiais.

J Um **enriquecimento pelo frio** pode facilitar a recuperação de yersiniae, especialmente a partir de fezes, se estiverem presentes em número reduzido. **Uma suspensão de 5% de fezes**

em PBS, mantida a 4°C durante 3 semanas, é subcultivada semanalmente em MLA.
* A serotipagem é necessária para saber se os isolados pertencem a serotipos patogénicos.
Tratamento e controlo:
* Terapia de substituição de fluidos, juntamente com antibiótico de largo espetro, iniciada de imediato.
* Verificou-se que uma vacina contra *Y. pseudotuberculosis* morta com formalina, composta pelos serótipos I, II e III, administrada em duas doses com 3 semanas de intervalo, diminui a doença clínica nos veados.
* Os factores de stress devem ser minimizados.

Yersiniose septicémica:
É causada por *Y. pseudotuberculosis* e é observada em aves mantidas em **gaiolas/aviários**. A infeção é adquirida através do contacto com as fezes de aves/roedores selvagens ou através da alimentação com plantas folhosas contaminadas. Nos aviários, a sobrelotação predispõe à doença e as aves infectadas podem morrer subitamente. Outras podem apresentar um desprendimento de penas e apatia pouco antes da morte. Após a morte, estão presentes **focos necróticos brancos pontiagudos** no fígado. A confirmação baseia-se no isolamento e na identificação do organismo a partir do fígado e de outros órgãos internos.
O tratamento não é viável devido ao carácter agudo da doença. O controlo deve ser feito através da prevenção da contaminação fecal dos alimentos e da água por aves selvagens e roedores.

Pseudotuberculose em animais de laboratório:
Também é causada por *Y. pseudotuberculosis*, mas é observada em porquinhos-da-índia ou roedores. A infeção ocorre através da contaminação fecal dos alimentos por roedores selvagens. Verifica-se diarreia, perda de peso gradual que conduz a emaciação e morte. Alguns animais podem morrer subitamente devido a septicémia.
Após a morte, são observados numerosos focos necróticos brancos no fígado. Os MLN afectados estão dilatados e podem apresentar necrose caseosa.
O tratamento não é desejável, uma vez que alguns animais da colónia podem tornar-se **portadores** e o organismo é **zoonótico**. O despovoamento, a desinfeção e o repovoamento são as medidas de controlo preferidas. O controlo da entrada de roedores selvagens é essencial na infeção por *Y. pseudotuberculosis*. **Peste felina:**
Os gatos são normalmente infectados com *Y. pestis* através da ingestão de roedores infectados. Observam-se três formas clínicas: **bubónica**, **septicémica** e **pneumónica**. A forma mais comum é caracterizada pela formação de gânglios linfáticos aumentados (**bubões**) associados à drenagem linfática do local da infeção. Há febre, depressão e anorexia. Os gânglios linfáticos superficiais afectados podem romper-se, libertando líquido serosanguinolento ou pus. A septicemia pode ocorrer sem linfadenopatia e é potencialmente fatal. As lesões pneumónicas podem resultar de disseminação hematogénica.
Os gatos com lesões pneumónicas podem transmitir a infeção aos seres humanos através da formação de aerossóis, pelo que devem ser submetidos a eutanásia. Os seres humanos também podem contrair a infeção através de arranhões e mordeduras de gatos e, possivelmente, através de mordeduras de pulgas infectadas de gatos infectados.

Diagnóstico:
* Linfadenopatia e depressão grave em gatos de zonas endémicas.
* As amostras (pus, sangue, aspirados de gânglios linfáticos) devem ser enviadas para laboratórios de referência.

* Os esfregaços **corados com Giemsa** de abcessos/aspirações de gânglios linfáticos revelam organismos **bipolares**.
* A FAT direta é efectuada em laboratórios de referência.
* Um teste de hemaglutinação passiva utilizando o antigénio da fração IA. Um aumento substancial do nível de anticorpos em amostras de soro emparelhadas colhidas com 3 semanas de intervalo indica infeção ativa.

Tratamento e controlo:

* Os gatos com suspeita de peste deveriam ser mantidos em isolamento e imediatamente tratados contra as pulgas. A forma bubónica pode responder às tetraciclinas/cloranfenicol administrados por via parentérica. Foi registada em *Y. pestis* uma resistência a múltiplos fármacos, mediada por plasmídeos.
* Os cães e os gatos devem ser tratados regularmente contra as pulgas nas zonas endémicas.
* O controlo dos roedores deve ser implementado após os procedimentos de controlo das pulgas.

Agentes patogénicos opurtunistas

Este grupo de enterobactérias raramente causa doenças entéricas em animais domésticos, mas por vezes está envolvido em infecções oportunistas localizadas em diferentes sítios do corpo. A contaminação fecal do ambiente provoca uma distribuição generalizada dos organismos. **Os factores predisponentes** são as **infecções intercorrentes, a desvitalização dos tecidos** e a vulnerabilidade inerente a determinados locais.

Estes invasores têm caraterísticas que lhes permitem ultrapassar os mecanismos de defesa do hospedeiro e colonizar e sobreviver nas áreas afectadas. As espécies de *Klebsiella pneumoniae* e *Enterobacter* produzem uma **cápsula** abundante que inibe a fagocitose e aumenta a sobrevivência intracelular.

As adesinas são importantes nas bactérias (*Proteus* sp.) que causam as ITU inferiores. **Os sideróforos** são importantes para a sobrevivência nos tecidos onde a disponibilidade de ferro é limitada. Alguns efeitos tóxicos são devidos à libertação de endotoxinas das bactérias mortas, que podem causar alterações locais e sistémicas como respostas inflamatórias, pirexia, danos endoteliais e microtrombose.

Infecções clínicas:

Espécies bacterianas	Condições clínicas
Klebsiella **pneumoniae**	**Matite** *por coliformes* em vacas; endometrite em éguas; pneumonia em vitelos e potros; infecções do trato urinário inferior (**ITU**) em cães
Enterobacter **aerogenes**	**Matite** *coliforme* em vacas e porcas
Proteus mirabilis/Pr. vulgaris	**ITUs** em cães e cavalos; **otite externa** em cães

Raramente estão envolvidos em doenças clínicas em animais:

Edwardsiella tarda	Diarreia, infeção de feridas em algumas espécies animais (raro)
Morganella morganii subsp. *morganii*	**Infecções** *do ouvido* e da urina em cães e gatos (pouco frequentes)
Serratia marcescens	**Mastite** *bovina* (pouco frequente); septicemia em galinhas (rara)

A Klebsiella pneumoniae e *a Enterobacter aerogenes* são frequentemente observadas em **mastites coliformes** em bovinos leiteiros, que entram na glândula mamária a partir de um ambiente contaminado. **A serradura** utilizada como cama é uma fonte importante de infeção por *Klebsiella pneumoniae*. Também é importante para causar **metrite nas éguas** e a sua presença na **bainha prepucial dos garanhões** sugere a possibilidade de **transmissão venérea**.

Diagnóstico:

Nestes processos infecciosos, **os sinais clínicos são inespecíficos**, pelo que se trata de:

* Recolha de amostras dos órgãos afectados
* **Isolamento** dos organismos em BA e MLA após incubação aeróbica a 37°C durante 24-48h.
* **Identificação** por aspeto de colónia e testes bioquímicos de *Enterobacteriaceae*.

Tratamento e controlo:

* O tipo de tratamento depende da localização e da gravidade da infeção.
* Terapia antibiótica baseada nos resultados da CST.
* Identificação e eliminação das causas predisponentes e das fontes de infeção.

Estirpes patogénicas de *E. coli* φelr factores de virulência e doenças

1. Doença entérica			2. Fossa séptica		aemia 3. Doença localizada não entérica		
I	I	I Veroto	I	I	Sei	I Estirp	I Invasi
E.	coli E. coli i	Estirpes	que	ític	es de	oportunid	por
Enter oti E. coli (	txigéni co ETEC)	enteropatogé nica (EPEC) I E. coli com capacidade de fixação (AEEC)	xigéni co Necroto VTEC)	de o xigénico fE. coli	estou a fazer isto	o IS O aémico "E. coli	Urop atl o ıogénic o "E. coli ade co ustic E. U
Aderi r K88(K99 e Iam coloni zação	**pecad os,** suínos) (vitelos é) ajuda	Um adhesion **intimi n, para** colo d nizatio n Entrar require d	d a icitos	Contentor Enten d a icitos	A invasão da corrente sanguínea requer depende da coloni **virulência da estirpe e da hipogamaglobulin emia**	**Adht** :d para zação **Loca systemit** due	!SIUS e efeito s para
Enterotoxinas: LT, ST I	**Natureza das toxinas Incerto**	Verotoxinas: **VTl VT2, VT2e** I	Factores necrotizantes citotóxicos: **CNFl, CNF2** I		**Endot** mudança induzida **oxina** tecido ges	Local r devid o a en **&** **exol**	**Endoto outros f dotoxi nas oxinas** xins e actor es
Os enterócitos permanecem normais, ↑ **hipersecreçã** o ST **absorção.** I	**Destruição das microvilosida des,** atrofia e LT **queda de enterócitos, atrofiamento** Jr das vilosidades I	Danos em intes outros Ic	para vasos tine catiões	Dama enterocyt e sangue i	ge para es e para navios		
• Diarreia em vitelos cordeiros neonatais	- Diarreia em leitões, leitões, e cordeiros crias	em e suínos • **H C em**	- Oedem doença **renun cia** tporcos	uma **em t** • Leit ões Enteriti,	• **HC em** vitelos permanec em	,attle Leit vitelos em	- Colisepticemia em vitelos, leitões, cachorros galinhas - **Febre aftosa** em
							- Coliforrn - Cistite **principalment** e em **cadelas** mastite em bovinos, porcas • **Piometra em cadelas, rainhas**

- **Pessoas com deficiência** em suínos

- **P home WD** iι **m**
- **H US em**

- Coel ry in hos com diarreia
- Cava los disentes

cordeiros

- **Artrite, meningite**

- **Metrite**
- **Onfalit** e em vitelos, cordeiros e pintos

Capítulo n.º 12

Espécies *de Brucella*

Z. A. Kashoo, M. I. Hussain, Shaheen Farooq, G. A. Badroo, M. A. Bhat

- Pequenos coccobacilos Gram-negativos (0,6 X 0,6-1,5μm)
- Não móvel, não formadora de esporos, não capsulada e não hemolítica.
- Catalase +ve
- Urease +ve (exceto *B. ovis*)
- A maioria dos isolados é oxidase +ve (exceto *B. ovis* e *B. neotomae*)
- Corar de vermelho com **MZN** (método de Ziehl-Neelsen modificado)
- *B. ovis* e alguns biótipos de *B. abortus* requerem 5-10% de CO_2 **para o isolamento primário.**
- O crescimento de outros organismos *Brucella* é aumentado por 5-10% de CO_2 (**capnofílico**)
- **Agentes patogénicos intracelulares (podem permanecer viáveis no interior dos macrófagos)**
- Órgãos reprodutores alvo dos animais
- Algumas espécies causam **febre ondulante/febre de malta** (*B. melitensis*) nos seres humanos.
- Aborto da vaca (**doença de Bang**) causado por *B. abortus*

Habitat habitual:

Têm predileção pelos órgãos reprodutores femininos e masculinos de animais sexualmente maduros. Os animais infectados servem de reservatório de infeção por um período indefinido. Os organismos libertados pelos animais infectados são viáveis durante muitos meses.

Diferenciação das espécies de *Brucella*:

É efectuada através do aspeto colonial, de testes bioquímicos, de requisitos culturais específicos e da inibição do crescimento por corantes. Além disso, a aglutinação com soros monoespecíficos e a suscetibilidade a bacteriófagos.

Espécies *Brucella*	*de* N.º biótipos	de Produção para CO2	de requisitos de H2S	Urease	Crescimento em meios com Tionina (20μgZml	Fucsina básica) (20μgZml)
B. abortus	7	V	V	+	V	V
B. melitensis	3	-	-	V	+	+
B. suis	5	-	V	+	+	V
B. ovis	1	+	-	-	+	-
B. canis	1	-	-	+	+	-

- No isolamento primário, as colónias de *B. abortus*, *B. melitensis* e *B. suis* ocorrem em formas lisas e são pequenas, brilhantes, azuladas e **translúcidas** após incubação durante 3-5 dias. As colónias tornam-se opacas com a idade. Em contraste, as colónias de ***B. ovis* e *B. suis* têm sempre uma forma rugosa,** que é baça, amarelada, opaca e friável. Os organismos *da Brucella* não são hemolíticos.
- Os testes de aglutinação em lâmina com anti-soros monoespecíficos são utilizados para detetar a presença de antigénios de superfície importantes, o **antigénio A** *da B. abortus* e **o antigénio M** *da B. melitensis*. O **antigénio R**, uma caraterística das brucelas rugosas *B. ovis* e *B. canis*, pode ser detectado pelo soro anti-R.
- Os isolados de *B. abortus* são lisados por um bacteriófago específico (fago de Tbilisi) na diluição de rotina (RTD).

Patogénese e patogenicidade:

O resultado da infeção depende do número de organismos infectantes e da sua virulência, bem como da suscetibilidade do hospedeiro. As Brucellae, que não possuem o principal lipopolissacárido da membrana externa, produzem colónias rugosas e são menos virulentas do que as derivadas de colónias lisas. Tanto as rugosas como as lisas podem entrar no hospedeiro, mas as rugosas são facilmente mortas e eliminadas pelo hospedeiro As brucelas virulentas, quando engolidas pelos fagócitos, são transportadas para os gânglios linfáticos regionais. Os organismos podem **sobreviver no interior dos macrófagos, mas não no interior dos neutrófilos. A inibição da fusão fago- lisossómica** é um dos principais mecanismos utilizados pelos organismos para a sobrevivência intracelular e é um importante fator determinante da virulência. Muitas proteínas de stress denominadas **proteínas de choque térmico** ajudam as bactérias a sobreviver nas condições adversas dos macrófagos. A **superóxido dismutase** e **a catalase** ajudam na **resistência à morte oxidativa** pelo hospedeiro. A bacteriémia intermitente resulta na disseminação e localização de organismos nos órgãos reprodutores e glândulas associadas em animais sexualmente maduros. **O eritritol**, um álcool poli-hídrico que actua como estimulante do crescimento das brucelas, encontra-se em elevada concentração na **placenta,** na **glândula mamária** e no **epidídimo** de bovinos, ovinos, caprinos e suínos. **Na brucelose crónica**, os organismos podem localizar-se nas **articulações ou** nos **discos intervertebrais**.

Diagnóstico:

Depende de testes serológicos e do isolamento e identificação das espécies de Brucella infectantes. Devem ser tomadas precauções durante a recolha e o transporte dos espécimes, que devem ser processados numa câmara de risco biológico.

• **Demonstração** pela coloração MZN em amostras como esfregaços de impressão de cotilédones, conteúdo abomasal fetal e descargas uterinas. Aparecem em grupos nas células.

• **Isolamento** em **ágar Columbia**, suplementado com 5% de soro e agentes antimicrobianos adequados ou ágar soro dextrose. As placas são incubadas a 37°C em 5-10% de CO2 (a maioria das spp. são capnófilas) durante um máximo de 5 dias.

• **Testes serológicos** efectuados para o comércio internacional e para identificar manadas infectadas/animais individuais em esquemas de erradicação nacionais. As brucelas partilham antigénios com algumas outras bactérias Gram-negativas, como *a Yersinia enterocolitica* serotipo O:9, pelo que podem ocorrer reacções cruzadas nos testes de aglutinação

• **A PCR** pode ser utilizada para detetar brucelas em tecidos.

Testes serológicos para o diagnóstico da brucelose bovina utilizando leite ou soro

TesteComentários

Teste do anel em leite para *Brucella* **(MRT)**	
Teste da placa de rosa-bengala **(RBPT)**	
CFT	
ELISA indireto	
ELISA competitivo (utilizando anticorpos monoclonais)	
Teste de rebanho para animais leiteiros. Sensível mas não fiável em grandes efectivos (teste qualitativo).	
Teste de despistagem para um animal individual. Suspensão de antigénio mantida a pH 3,6,	

permitindo a aglutinação por anticorpos Ig G1. Apenas teste qualitativo. Exige confirmação por CFT/ELISA. Teste de confirmação amplamente aceite para animais individuais. Teste de despistagem e de confirmação fiável (**AB-ELISA**).

Teste recentemente desenvolvido com elevada especificidade, pode detetar todas as classes de imunoglobulinas e pode diferenciar bovinos infectados e vacinados com S19.

Teste de soroaglutinação Falta-lhe especificidade e sensibilidade. Os anticorpos IgG1 podem não ser (**SAT**) detectados, conduzindo a resultados falsos negativos (teste quantitativo).

Antiglobulina (**Coombs**) Teste sensível para a deteção de anticorpos não aglutinantes não	
teste	detectada por SAT. É utilizado para detetar **a brucelose crónica** nos seres humanos, bem como nos bovinos.

Infecções clínicas:

Embora cada espécie de *Brucella* tenha o seu próprio hospedeiro natural, *a B. abortus*, *a B. melitensis* e os biótipos da *B. suis* podem infetar animais que não os seus hospedeiros preferenciais.

1.   Brucelose bovina:

É causada pela *B. abortus*. Embora a infeção ocorra principalmente através da ingestão, também pode ocorrer a transmissão venérea (através do coito), a penetração através de abrasões cutâneas, a inalação ou a transmissão transplacentária. Pode haver tempestades de aborto no **final do trimestre** (normalmente após 5th meses) em animais prenhes. As gestações subsequentes são normais, mas pode haver **retenção da placenta** em **manadas endémicas**. Um grande número de organismos é excretado nos fluidos fetais durante cerca de 2-4 semanas após o aborto e nos partos subsequentes, embora os vitelos infectados pareçam normais. Os organismos persistem nas **glândulas mamárias** e nos **gânglios linfáticos associados** durante muitos anos e são excretados intermitentemente no leite. Nos touros, os órgãos infectados são as **vesículas seminais, as ampolas, os testículos e os epidídimos**. Nos países tropicais, observam-se frequentemente **higromas** que envolvem as articulações dos membros quando a doença é **endémica**.

Progressão da infeção por *B. abortus* em bovinos

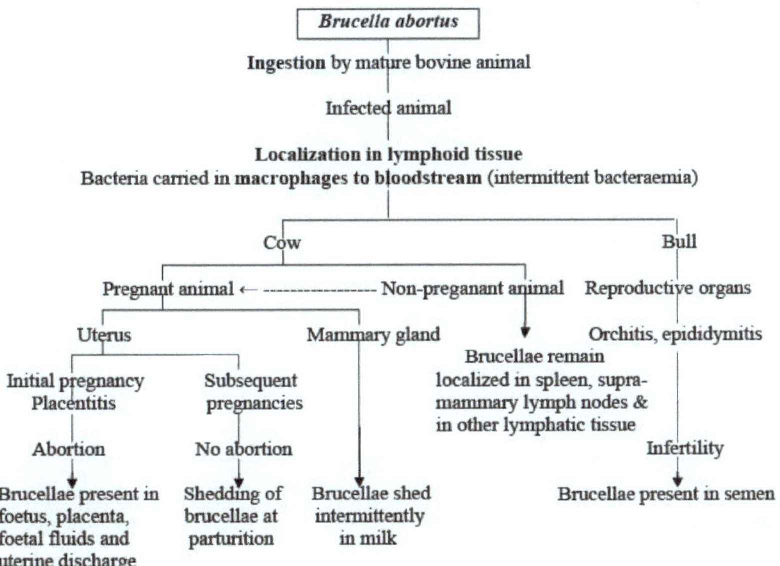

Brucella abortus

Ingestão por bovinos adultos

Localização no tecido linfoide

Animal infetado

Bactérias transportadas pelos **macrófagos para a corrente sanguínea** (bacteriemia intermitente)

Vaca Touro Animal grávido Animal não grávido Órgãos reprodutores Útero Glândula
mamária Orquite, epididimite Brucellae permanece Gravidez inicial Gravidez subsequente
localizada no baço, gânglios linfáticos mamários supra- Placentite e noutros tecidos linfáticos
Aborto Sem aborto Infertilidade

Brucellae presente no sémen

Brucelas presentes no feto, na placenta, nos fluidos fetais e no parto, de forma intermitente,
no leite, no corrimento uterino

Diagnóstico:

O mesmo que o acima referido em geral para todos os organismos *Brucella*. Além disso, **a
Brucellina**, um extrato de *B. abortus*, tem sido utilizada para testes intra-dérmicos.

Tratamento:

• O tratamento dos bovinos com brucelose não é prático.

Controlo:

• Os programas nacionais de erradicação baseiam-se na deteção e abate de bovinos
infectados.

• Vacinação de novilhas jovens. A imunidade é essencialmente CMI. Existem **três tipos de
vacinas**
utilizado no gado.

A vacina *J* S19 (vacina viva) é uma **vacina contra a estirpe 19 do algodão** e uma **estirpe
suave** de *B. abortus* (originalmente isolada do leite). É uma vacina não virulenta, mas

imunogénica, atenuada da estirpe 19 e administrada a vitelos fêmeas até aos 5 meses (geralmente 91-180 dias) de idade. Não é administrada a vitelos machos, pois pode localizar-se nos testículos. Conduz a um elevado nível de imunidade e apenas aglutininas transitórias que desaparecem na altura do primeiro parto. No entanto, a infeção do leite continua a ser um grave problema de saúde pública. A vacinação de animais adultos conduz a títulos persistentes de anticorpos.

A bacterina da estirpe *J* **45/20** é uma vacina morta administrada juntamente com adjuvante. Trata-se de uma **estirpe rugosa** 45/20 que tem a **vantagem de não estimular a produção de aglutininas contra antigénios lisos** da *Brucella abortus*, mas não é estável e pode reverter para a forma lisa, pelo que se utiliza a preparação morta. Mesmo quando administrada a animais adultos, não produz títulos persistentes de anticorpos.

A estirpe ■*S* **RB51** é um **mutante rugoso natural** e **estável** que confere uma boa proteção contra o aborto e não induz respostas serológicas, pelo que não interfere nos programas de vigilância da brucelose.

2.   Brucelose caprina e ovina:

É causada pela *B. melitensis*. Os caprinos, nos quais a doença é mais grave, são mais susceptíveis do que os ovinos. A doença clínica assemelha-se à brucelose bovina. Os sinais clínicos são elevadas taxas de aborto, orquite nos machos, artrite e higromas. A infeção que resulta em aborto pode não induzir uma imunidade protetora.

Diagnóstico:

- O mesmo que o acima referido para todos os organismos *Brucella*.
- Os testes mais utilizados são o RBPT e o CFT. O teste ELISA está a ser desenvolvido.
- Além disso, são utilizados testes i/d de brucelina para a vigilância de bandos e efectivos não vacinados. **Controlo:**
- Nos países onde a doença é exótica, é geralmente aplicada uma política de testes e abate. Esta política pode também reduzir a prevalência da doença em zonas endémicas.
- **A estirpe Rev.1 viva modificada (1-2 X 10^9 células)** administrada por via S/C ou conjuntival a cabritos e borregos com menos de 6 meses de idade (normalmente entre 3-6 meses) proporciona imunidade vitalícia.

3.   Epididimite ovina causada por *B. ovis*:

Caracteriza-se por epididimite nos carneiros e placentite nas ovelhas. A infeção provoca uma redução da taxa de fertilidade nos carneiros, abortos esporádicos nas ovelhas e um aumento da mortalidade perinatal. A transmissão venérea ocorre tanto de carneiro para carneiro como de carneiro para ovelha. Existe um período de latência relativamente longo nos carneiros após a infeção. *A B. ovis* pode estar presente no sémen cerca de 5 semanas após a infeção e as lesões epididimárias podem ser detectadas por palpação cerca das 9 semanas. Os carneiros cronicamente afectados apresentam frequentemente atrofia testicular unilateral ou bilateral com inchaço e endurecimento do epidídimo. **Diagnóstico:**

- Os testes de escolha são a prova de imunodifusão em gel de ágar, o CFT e o ELISA.
- Técnica de immunoblotting para confirmação
- Isolamento do sémen

Tratamento e controlo:

- Os carneiros jovens podem ser vacinados com a vacina Rev.1 ou com a bacterina *de B. ovis*.

4.   Brucelose suína:

É causada por *B. suis*. *A B. suis* **biótipo 2 infecta lebres selvagens** que podem ser fonte de infeção para os suínos. *A B. suis* **biótipo 4 pode infetar renas**.

Infeção clínica:

Após uma bacteriemia prolongada, observam-se lesões inflamatórias crónicas no trato reprodutivo de porcas e javalis. Podem também ser observadas lesões nos ossos e nas articulações. As infecções ocorrem por ingestão ou coito. Os sinais clínicos nas porcas incluem aborto, nados-mortos, mortalidade neonatal e esterilidade temporária. Os varrascos que excretam brucelas no sémen podem ser clinicamente normais ou apresentar anomalias testiculares. A esterilidade associada pode ser temporária ou permanente. A claudicação, a incoordenação e a paresia posterior são manifestações de envolvimento das articulações ou dos ossos. **Diagnóstico:**

- RBPT e ELISA indireto

Tratamento e controlo:

- Política de testes e abate quando a doença é exótica.
- No sul da China é utilizada uma vacina viva modificada contra *a B. suis*.

5. Brucelose canina:

É causada por *B. canis*. Uma vez que *a B. canis* está permanentemente na forma grosseira, é de baixa virulência, causando infecções ligeiras ou assintomáticas.

Infeção clínica:

A doença manifesta-se clinicamente por abortos, diminuição da fertilidade, redução do tamanho das ninhadas e mortalidade neonatal. As cadelas que abortam têm subsequentemente gestações normais. Nos cães machos, observa-se infertilidade associada a orquite e epididimite. A infertilidade pode ser permanente e os cães com infecções crónicas são frequentemente aspérmicos. Raramente, a discoespondilite pode resultar em claudicação e paresia ou paralisia.

Diagnóstico:

- **Teste de despistagem**: Um kit rápido de teste de aglutinação em lâmina utilizando 2-mercaptoetanol.
- **Os testes de confirmação** incluem TAT, ELISA e AGID **Tratamento e controlo:**
- É efectuada apenas para os animais que não são utilizados para reprodução.
- É bem sucedido se for iniciado no início da doença.
- A combinação de tetraciclina e aminoglicosídeo pode ser eficaz.
- A castração (esterilização) dos animais infectados reduz o risco de transmissão da infeção.
- Não existe uma vacina comercial disponível e o controlo é feito através de testes e da remoção dos animais infectados dos programas de reprodução.

6. Brucelose no ser humano:

Os seres humanos são susceptíveis de infeção por *B. abortus*, *B. suis*, *B. melitensis* e, raramente, por *B. canis*. A transmissão ao ser humano ocorre através do contacto com secreções ou excreções de animais infectados. As vias de entrada incluem abrasões cutâneas, inalação e ingestão. Fontes importantes de infeção são o leite cru e os produtos lácteos feitos de leite não pasteurizado. A brucelose nos seres humanos é designada por **febre undulante** e manifesta-se por pirexia flutuante, mal-estar, fadiga e dores musculares e articulares. O aborto não é uma caraterística. A osteomielite é a complicação mais comum. Ocorrem infecções graves com *B. melitensis* (**febre de malta**) e *B. suis* biótipo 1 e 2. As infecções humanas com B. abortus são moderadamente graves, enquanto as causadas por *B. canis* são geralmente ligeiras. **Tratamento:**

* A terapêutica antimicrobiana (tetraciclinas) deve ser iniciada no início da infeção.
* Os seres humanos podem desenvolver uma reação de hipersensibilidade grave após a infeção ou após a inoculação acidental com uma estirpe vacinal atenuada.

Capítulo n.º 13

Espiroquetas

Parvaiz A. Dar, Z. A. Kashoo, M.N. Hassan, Najeeb Ul Tarfain, Sabia Qurehi

A família *Spirochaetaceae* contém os géneros *Borrelia*, *Spirochaeta* e *Treponema*.

A família *Leptospiraceae* tem o género *Leptospira*.

Caracteres gerais das espiroquetas

1. São Gram-negativas; demonstradas por coloração de Giemsa ou Wright (as maiores), colorações negativas (tinta da Índia ou nigrosina), impregnação com prata, microcopia de campo escuro e de fase e imunofluorescência.

2. Os géneros são diferenciados principalmente pela morfologia. São organismos delgados, espirais, ativamente móveis e flexíveis, com 5-200 µm de comprimento e 0,1-3 µm de largura, que se dividem por fissão transversal.

3. Todas as espiroquetas têm filamentos axiais que se enrolam à volta do cilindro protoplasmático sob a bainha exterior. Pensa-se que podem ser responsáveis pela motilidade.

4. O gancho é uma extensão do eixo axial do filamento e dobra-se em direção ao cilindro protoplasmático.

5. As espiroquetas podem ser anaeróbias, aeróbias ou microaerófilas.

6. Alguns grupos são halófilos, termófilos, psicrófilos ou alcalifílicos.

7. Bioquimicamente, algumas espiroquetas metabolizam os açúcares em acetato, H_2, CO_2, etanol, lactato ou butirato, consoante a espécie. Alguns grupos, como *a Leptospira*, não metabolizam hidratos de carbono, preferindo ácidos gordos de cadeia longa ou álcoois.

Borrelia

1. São espiroquetas microaerófilas de crescimento lento, altamente móveis, de enrolamento médio a frouxo, finas.

2. Possui cromossomas lineares e plasmídeos lineares.

Borrelia anserina (espiroquetose aviária, boreliose aviária)

1. Provoca uma doença significativa em galinhas, patos, perus, gansos, faisões, pombos, canários, aves de caça e algumas aves selvagens.

2. É transmitida por carraças enquanto se alimentam. *A Argus persicus* é o principal vetor. (A infeção é mantida na carraça através das fases de larva, ninfa e adulto. O organismo pode ser transmitido através de óvulos à geração seguinte de carraças).

3. **Patogenicidade:** A doença é caracterizada por uma septicemia aguda acompanhada de febre, diarreia, sonolência e emaciação. As aves que sobrevivem recuperam após cerca de 2 semanas e têm imunidade duradoura contra o serótipo em causa

4. O diagnóstico é feito através da demonstração do organismo em esfregaços de sangue, baço e fígado corados com carbol fuchsin ou giemsa.

5. **Controlo:** a. Eliminação das carraças Argus. b. A penicilina, o cloranfenicol, a estreptomicina, a canamicina e as tetraciclinas são eficazes se o tratamento for suficientemente precoce.

Borrelia burgdorferi (doença de Lyme)

1. A doença foi reconhecida pela primeira vez em 1975 em crianças de Lyme, Connecticut, e o agente causal foi cultivado pela primeira vez em 1981 numa carraça, Ixodes dammini, em Nova Iorque.

2. **Transmissão:** Os hospedeiros reservatórios são pequenos roedores, ratos de patas brancas, ratazanas dos prados, esquilos orientais e veados de cauda branca. O risco de infeção

é maior na primavera e no outono.

3. **Patogénese:** Os factores virulentos incluem a variação antigénica das proteínas da superfície externa e a motilidade. A doença de Lyme apresenta-se geralmente em três fases, começando alguns dias a algumas semanas após a infeção, aparecendo uma erupção cutânea à volta da picada da carraça que, em alguns casos, pode alastrar. A segunda fase aparece dentro de várias semanas a vários meses, à medida que a infeção se torna sistémica (inclui febre, fadiga, persistência da erupção cutânea, rigidez das articulações e do pescoço, dores de cabeça e linfadenopatia). A terceira fase pode envolver artrite crónica, sintomas neurológicos crónicos e sinais cardíacos causados pela infeção dos músculos do coração.

4. **Diagnóstico:** Os testes baseados em FAT, PCR e ELISA podem ser utilizados para um diagnóstico exato.

5. **Tratamento:** Nos casos agudos, recomenda-se a utilização de doxiciclina ou amoxicilina durante 10-14 dias.

6. **Controlo:** O controlo das carraças é muito importante.

8. *theileri*: provoca uma anemia febril ligeira em cavalos, bovinos e ovinos na África do Sul e na Austrália.

9. *coriaceae*: Provoca aborto epizoótico nos bovinos.

10. *recurrentis* (febre recorrente epidémica transmitida por piolhos)

11. *mazzottii* (febre recorrente transmitida por carraças americanas)

Leptospira

A família *Leptospiraceae* contém dois géneros *Leptospira* e *Leptonema*.

1. As leptospiras são bastonetes helicoidais flexíveis, aeróbicos, Gram-negativos, destros, com mais de 18 espirais por célula. Cada organismo tem um gancho numa ou em ambas as extremidades. São móveis através de dois flagelos periplasmáticos subterminais.

Leptospira

1. O taxon básico da *Leptospira* é o serovar. São reconhecidas duas espécies: *Leptospira interrogans* (patogénica) e *Leptospira biflexa*, que contém as leptospiras de vida livre. Alguns serovares comuns que infectam animais são a *L. icterohemorrhagiae*, a *L. canicola*, a *L. pomona*, a *L. autumnalis*, a *L. ballum*, a *L. grippotyphosa*, a *L. bataviae*, a *L. hardjo*, a *L. sejroe*, a *L. hebdomadis*, a *L. australis* e a *L. bratislava*.

2. A leptospirose é principalmente uma doença dos animais que, em raras ocasiões, é transmitida ao homem direta ou indiretamente.

3. Os hospedeiros naturais são roedores, suínos e cães.

4. **Transmissão:** A fonte do organismo é a urina de animais infectados ou portadores. Os organismos podem viver em água alcalina durante dias. A infeção pode propagar-se tanto por via direta como por via indireta.

5. **Patogénese:** As estirpes virulentas produzem mais proteínas citotóxicas do que as estirpes avirulentas; outros factores de virulência incluem a motilidade do organismo, a motilidade de escavação e a produção de hialuronidase. Os sinais clínicos incluem febre, anemia, hemorragias subserosas e submucosas, conjuntivite, iterícia, meningite e agalactia.

6. **Tratamento:** A ampicilina, a penicilina G, a estreptomicina, as tetraciclinas e a doxiciclina são eficazes.

7. **Controlo:**

a. Devem ser aplicadas medidas de prevenção, como o controlo de ratos, a vedação de lagoas e cursos de água potencialmente contaminados e uma seleção cuidadosa dos animais de substituição.

b. Nos cães, as bacterinas contêm normalmente os serovares canicola e icterohemorrhagiae.

c. Nos bovinos, a bacterina contém Pomona e algumas bacterinas contêm os serovares *hardjo*, *grippotyphosa*, *canicola* e *icterohemorrhagiae*.

d. Nos suínos, a bacterina contém *Pomona* e, em alguns, *Bratislava*.

8. **Importância para a saúde pública:** Os seres humanos adquirem facilmente a infeção através de animais domésticos, roedores e água contaminada. A doença é referida por vários nomes, incluindo a doença de Weil, a febre do forte Bragg e a doença das manadas de cerco. Os veterinários, os trabalhadores dos matadouros e os agricultores estão particularmente em risco.

Leptospirose canina:

Doença causada **principalmente** pelo **serovar *canicola*** e **menos** frequentemente pelo **serovar *icterohemorrhagiae***. Os cães e ratos infectados libertam esporadicamente leptospiras na sua urina e servem como fontes de infeção. O organismo pode sobreviver na natureza durante aproximadamente 3 semanas se as condições ambientais forem favoráveis. A viabilidade dos organismos é influenciada pelo pH da urina de cães e ratos e um pH alcalino favorece a viabilidade.

Sinais clínicos: São reconhecidas quatro formas principais: a forma hemorrágica, a forma itérica, a forma urémica ou subaguda e a forma inaparente.

Diagnóstico: O exame da urina utilizando a microscopia de campo escuro, o teste de aglutinação microscópica e a FAT são normalmente utilizados para o diagnóstico.

Leptospirose bovina

O principal agente causador é o **serovar *pomona***. Outros serovares como o ***hardjo***, ***grippotyphosa***, ***canicola*** ou ***icterohemorrhagiae*** podem também estar envolvidos.

Transmissão: A fonte dos organismos são os bovinos e suínos e alguns animais selvagens.

Sinais clínicos: A infeção pode estar latente e pode precipitar-se por stress. A infeção é caracterizada por uma variedade de sinais clínicos, incluindo febre, diarreia, anemia, iterícia, hemoglobinúria e aborto.

Diagnóstico: é semelhante ao efectuado acima.

Leptospirose suína

O principal agente causador é o **serovar *pomona***. Outros serovares como o ***grippotyphosa***, ***canicola***, ***icterohemorrhagiae*** e ***bratislava*** podem também estar envolvidos.

Transmissão: A fonte dos organismos são os suínos, o gado, as doninhas, os guaxinins, os gambás, os gatos selvagens e os veados.

Sinais clínicos: A infeção é maioritariamente subclínica ou latente. A infeção é caracterizada por uma variedade de sinais clínicos, incluindo frivolidade, aborto, anemia e iterícia. Ocasionalmente, observam-se metrite e meningoencefalite.

Diagnóstico: semelhante ao anterior.

Capítulo N.º 14
P seudomonas aeruginosa e espécies de *Burkholderia*
Z. A. Kashoo

Caracteres gerais:
* Gram-negativos, bastonetes de tamanho médio (0,5-1,0 X 1,5-5,0 µm)
* Não formador de esporos
* **Aeróbios estritos**
* Oxidativo
* **Oxidase +ve**
* Catalase +ve
* Móvel por um/mais flagelos polares (exceto *Burkholderia mallei* que não é móvel)
* Produzem **pigmentos difusíveis** (piocianina-azul, pioverdina-amarela, pirobina-vermelha e piomelanina-preta)
* **Hemolítico em BA**
* Colónias pálidas no MLA (**não fermentador de lactose**)
* Resiste a uma gama de temperaturas de 5-42°C
* **Extremamente resistente a medicamentos antibacterianos e desinfectantes**

Habitat:
Encontrado na água, no solo, nas plantas, na pele e nas membranas mucosas de animais saudáveis.

Condições de doença:

Espécies	Estado de doença
• Todas as espécies	
• Cães e gatos	
• Gado	Infeção da ferida
• Cavalos	Otite externa, infeção do trato urinário, ceratite ulcerosa, pneumonia.
• Suínos	Abcesso hepático, mastite, enterite, dermatite, infecções respiratórias.
• Aves de capoeira	Infecções do trato genital, aborto, queratite ulcerosa, pneumonia. Infeção respiratória, otite.
• Ovinos	Septicemia, ceratite.
• Vison	Podridão do velo, pneumonia, mastite.
• Chinchilas	Septicemia, pneumonia hemorrágica.
• Roedores de laboratório	Pneumonia, septicemia. Enterite, septicemia.
• Répteis	Estomatite necrótica.

Diferenciação de outros géneros relacionados:

Critérios	*P. aeruginosa*	*Burkholderia. mallei*	*Burkholderia pseudomallei*
1. Morfologia da colónia	Grandes, planas brilhantes.	Branco e liso, e tornando-se granular e acastanhado com idade.	De liso e mucoide a rugoso e baço, tornando-se castanho-amarelado com a idade.
2. Hemólise em BA	Sim	Não	Não
3. Produção de pigmentos	Sim	Não	Não

4. Odor da colónia	Frutado, tipo uva	Nenhum	Húmido ou terroso
5. Crescimento no MLA	Sim	Não	Sim
6. Crescimento a 42°C	Sim	Não	Sim
7. Motilidade	Sim	Não	Sim
8. Produção de oxidase	Sim	Não	Sim
9. Oxidação de i) Glucose	Sim	Sim	Sim
ii) Lactose	Não	Não	Sim
iii) Sacarose	Não	Não	Sim
10. Motilidade	Móbil	Não-móveis	Móbil
11. Doença causada	Infecções piogénicas	Mormo/Farcy	Pseudoglanders

Factores de virulência:

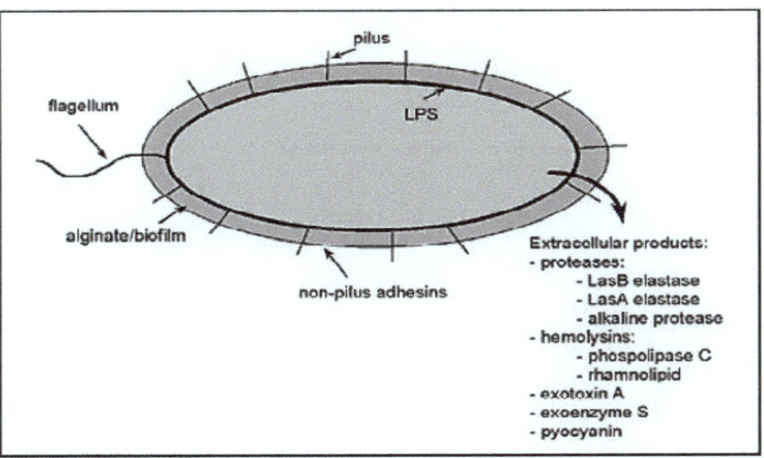

Patogénese da infeção:

PAierttgimwa+

Ubíquo no ambiente

ÍMULTIPLV **Aiitipliagicytic LPS$_j$ slime$_j$ iron- s cavenging system, resistance to killing by seιτun**

PRODUZIR TOXINA

Exotoxina A, elastase, Las A, protease

TISSUE DAJMAGE

Devido à resposta da Hmniuie

(Doença crónica)

Diagnóstico:

* Em função da natureza da infeção, são colhidas amostras adequadas.
* Isolamento e identificação:

Bastonetes Gram-negativos sem disposição especial.

Colónias incolores no MLA (não fermenta a lactose)

Odor frutado caraterístico.

Por fim, a serologia pode ajudar, pois baseia-se nos antigénios O e H.

Burkholderia mallei

Classificação:

- Reino: Bactéria
- Filo: Proteobactérias
- Classe: Beta Proteobactérias
- Encomendar: Burkholderiales
- Família: *Burkholderiaceae*
- Género: *Burkholderia*
- Espécie: *mallei*

Caracteres gerais:

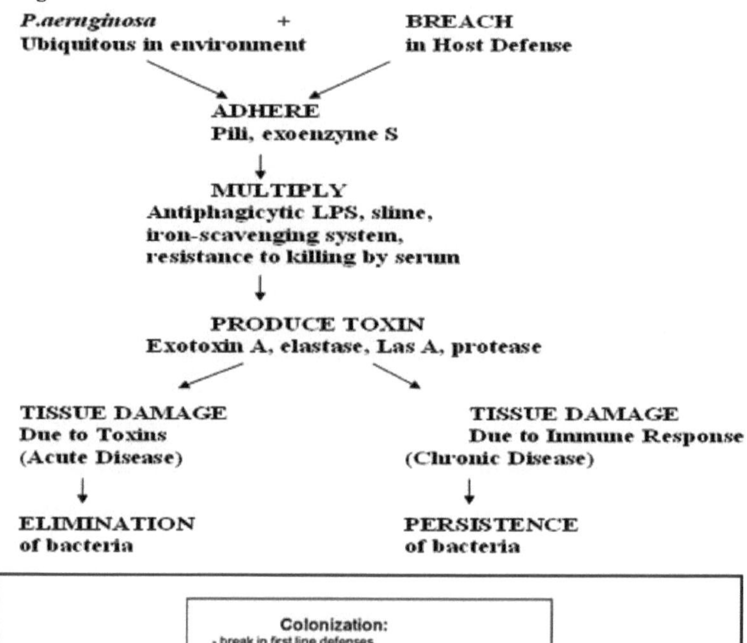

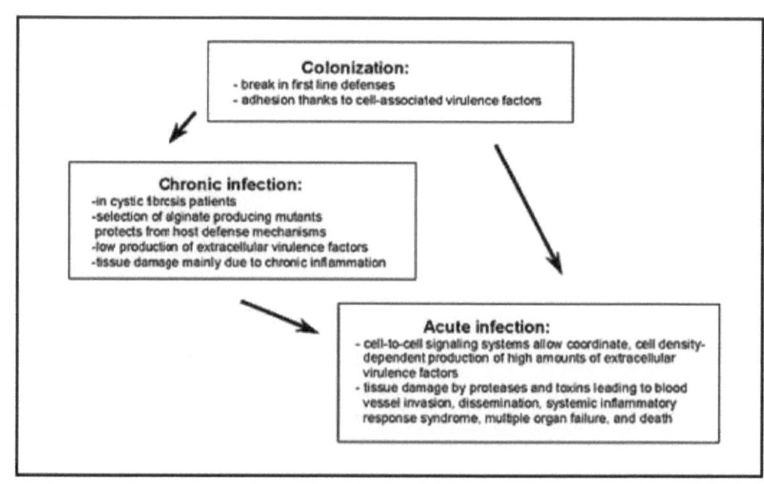

- Bactérias aeróbias Gram-negativas, não móveis, em forma de bastonete.
- O tamanho varia de 1,5-3 µm de comprimento e 0,5-1µm de diâmetro com extremidades arredondadas.
- Não hemolítico e sem pigmento difusível
- A bactéria é suscetível a numerosos desinfectantes, incluindo cloreto de benzalcónio, iodo, cloreto de mercúrio, permanganato de potássio, hipoclorito de sódio a 1% e etanol. O microrganismo também pode ser destruído por aquecimento/UV.
- Infectam tanto humanos como animais.
- Causa **Mormo/ Farcy** (doença de declaração obrigatória) em cavalos, mulas e burros. Doença fatal em humanos.

Transmissão de doenças:
- Ingestão: Via principal
- Inalação: Menos provável
- Contacto direto: Via menor
- Melhorado por instalações partilhadas de alimentação e água

Infeção clínica:
- Afecta **os solípedes**
- Burros e mulas (forma aguda)
- Equídeos (forma crónica)
- Carnívoros, humanos e caprinos susceptíveis
- Suínos e bovinos resistentes
- As formas (aguda/crónica) da doença são difíceis de distinguir claramente e podem ocorrer simultaneamente

J **Forma aguda**
- Febre, tosse, dispneia, corrimento nasal espesso, úlceras
- Envolvimento de gânglios linfáticos e vasos
- Morte

J **Forma crónica**
- Tosse, mal-estar, febre, perda de peso
- Corrimento nasal e úlceras, nódulos cutâneos
- Envolvimento de gânglios linfáticos e vasos
- Inchaço das articulações e edema das pernas

S **Forma latente**
- Pode haver poucos sintomas
- Corrimento nasal
- Orquite glanderosa comum
- Úlceras, nódulos, cicatrizes estreladas nas vias respiratórias superiores
- Pneumonia
- Nódulos miliares arredondados e firmes
- Gânglios linfáticos e vasos inchados

Diagnóstico:
O diagnóstico deve ser efectuado num laboratório com requisitos para agentes patogénicos do Grupo de Contenção III.
- **Isolamento e identificação:**
S Amostras de sangue, expetoração, urina ou lesões cutâneas
S Morfologia do organismo

S Caraterísticas culturais

- **Inoculação em animais de laboratório (ensaio biológico/ensaio de Strauss):**

S O material suspeito é inoculado intraperitonealmente numa **cobaia macho**.

A reação *de S* **Strauss** provoca uma peritonite e uma orquite localizadas graves.

S O número de organismos e a sua virulência determinam a gravidade das lesões.

S A **reação de Strauss não é específica do mormo** (também utilizada na brucelose)

- **Teste de Mallein (um teste prescrito para o comércio internacional):**

A maleína é um derivado proteico purificado (PPD) de *B. mallei*. Pode ser feito por:

> **Teste intradermo-palpebral:**

S Teste mais sensível, fiável e específico

S Mallein **(0,1 ml)** é injetado **por via intradérmica** na pele da pálpebra inferior.

O teste *S* é lido às 24 e 48 horas.

S **Um teste positivo** é indicado por uma **tumefação edematosa acentuada da pálpebra,** podendo haver uma **descarga purulenta** do canto interno ou da conjuntiva.

> **O teste oftalmológico:**

S menos fiável.

S Instilam-se algumas gotas de malleína no olho, na zona do canto.

O lado *S* do rosto fica inchado e pode haver uma pequena descarga do olho.

> **O teste subcutâneo:**

S Interfere com o diagnóstico serológico subsequente.

S A temperatura do cavalo tem de ser <102°F (38,8°C) no dia anterior ao teste.

S Injecta-se **maleína diluída** (2,5 ml) **S/C** no centro do penso.

S Um teste positivo é indicado por uma **pirexia de** 40,0°C ou mais durante as primeiras 15 horas e pelo desenvolvimento de uma tumefação firme e dolorosa com bordos elevados no prazo de 24 horas no local da injeção.

- Serologia:

> **O RBPT** foi recentemente desenvolvido na Rússia (validado apenas na Rússia).

> **CFT (um teste prescrito para o comércio internacional)**

S A sua precisão é de 90-95%, sendo o soro positivo no prazo de uma semana após a infeção e permanecendo positivo em caso de exacerbação do processo crónico.

> **ELISA**

S Não é possível distinguir serologicamente entre *B. mallei* e *B. pseudomallei*.

J Foi também desenvolvido *um* teste ELISA competitivo que utiliza um anticorpo monoclonal anti-LPS e cujo desempenho é semelhante ao do CFT.

> A precisão dos testes de aglutinação e da precipitina não é satisfatória para utilização em programas de controlo. Os cavalos com mormo crónico e os que se encontram debilitados apresentam resultados negativos ou inconclusivos.

A doença tem de ser diferenciada das seguintes doenças

J **Melioidose** *(B. pseudomallei)*

- Abcessos múltiplos numa variedade de tecidos e órgãos.

- Ao contrário do mormo, não é uma doença específica dos equídeos, mas também se encontra em ovinos, caprinos e suínos.

J Strangles *(Streptococcus equi* subsp. *equi)*

- Gânglios linfáticos submandibulares inchados

- Corrimento nasal mucopurulento bilateral, unilateral no mormo.

- Os nódulos cutâneos e as lesões pulmonares típicas estão ausentes.

- Teste de Mallein negativo
- Recuperação em poucas semanas e não se torna crónica como no mormo.

J Linfangite epizoótica *(Histoplasmafarciminosum)*

- Nódulos cutâneos com origem em vasos superficiais.
- As lesões de conjuntivite são comuns.
- O teste de Mallein é negativo.
- Demonstração do organismo.
- Os testes serológicos são diferenciadores.

J Linfangite ulcerosa *(Corynebacterium pseudotuberculosis)*

- Dermatite e formação de abcessos nas regiões peitoral e abdominal ventral.
- Os testes de diagnóstico padrão são valiosos.

Controlo e Prevenção:

- Em cavalos, deteção precoce e quarentena com desinfeção
- Comunicável ao veterinário estatal
- Vacina não disponível para humanos ou animais

Burkholderia pseudomallei

Classificação:

- Reino: Bactéria
- Filo: Proteobactérias
- Classe: Beta Proteobactérias
- Encomendar: Burkholderiales
- Família: *Burkholderiaceae*
- Género: *Burkholderia*
- Espécie: *pseudomallei*

Caracteres gerais:

- Gram-negativo, bipolar e em forma de bastonete (2-5 µm X 0,4-0,8 µm).
- móvel
- aeróbico
- Um agente patogénico humano e animal.
- Os roedores selvagens são reservatórios importantes.
- As bactérias produzem tanto exo-toxinas como endo-toxinas.
- **Causas Pseudoglanders ou doença de Whitmore (Capitão Alfred Whitmore**, que descobriu a doença pela primeira vez)

> Sinónimos:

J Doença do jardineiro de Nightcliff (Nightcliff é um subúrbio de Darwin, Austrália, onde a melioidose é endémica)

J Doença dos arrozais

Infeção clínica:

A melioidose é caracterizada por abcessos múltiplos em vários tecidos e órgãos, que afectam ovinos, caprinos e suínos, sendo menos frequente a infeção em bovinos, cavalos, cães, aves ou primatas.

- É de importância para a saúde pública nas zonas endémicas.
- A infeção por *B. pseudomallei* resulta em lesões supurantes ou caseosas nos gânglios linfáticos ou noutros órgãos.
- Nalgumas espécies, podem também ser observados claudicação ou paresia posterior,

corrimento nasal, encefalite, sintomas gastrointestinais ou sinais respiratórios.

- **Nos ovinos e caprinos**, os abcessos pulmonares e a pneumonia são comuns.
- **Nos cavalos**, foram descritas doenças neurológicas, sintomas respiratórios ou cólicas e diarreia.
- **Nos suínos**, a doença é geralmente crónica e assintomática. As infecções agudas nesta espécie podem resultar em septicemia com febre, anorexia, tosse e descargas nasais e oculares. Podem ocorrer abortos e nados-mortos, mas são raros, e pode ocorrer orquite nos varrascos.
- **Os bovinos** raramente são afectados, mas podem desenvolver pneumonia ou sinais neurológicos.

Lesões:
- Os principais achados são abcessos múltiplos contendo material espesso, caseoso, amarelo-esverdeado ou esbranquiçado, geralmente não calcificado.
- Os gânglios linfáticos regionais, o baço, o pulmão, o fígado e os tecidos subcutâneos são os mais frequentemente envolvidos, mas podem ocorrer abcessos na maioria dos órgãos.
- Nos casos agudos, podem ser encontradas alterações pneumónicas nos pulmões, meningoencefalite e poliartrite supurativa.
- Nos casos de artrite supurativa, as articulações podem conter líquido e grandes massas de material purulento amarelo-esverdeado.
- **Nos ovinos**, os achados comuns incluem abcessos na mucosa nasal (Melioidose).
- **Os abcessos esplénicos** são frequentemente encontrados **em suínos** aquando do abate.

Diagnóstico:
- As zaragatoas das descargas nasais e as amostras colhidas das lesões devem ser submetidas a cultura. Os organismos podem ser isolados da expetoração, do sangue, de exsudados de feridas ou de tecidos.
- Sinais e sintomas clínicos em zonas endémicas
- Isolamento e identificação.
- Teste bioquímico
- Análise de ácidos nucleicos (por exemplo, PCR) para o diferenciar de *B. mallei*
- Podem ocorrer reacções cruzadas em testes serológicos com *Burkholderia mallei*, o agente causador do mormo

Tratamento:
- Tratamento sintomático
- Terapia com antibióticos:

O antibiótico de primeira escolha atual é a ceftazidima. Embora vários antibióticos sejam activos *in vitro* (por exemplo, cloranfenicol, doxiciclina, co-trimoxazol), provou-se que são inferiores *in vivo* para o tratamento da melioidose aguda.

O organismo é intrinsecamente resistente à gentamicina e à colistina.

Pasteurella multocida

Z. A. Kashoo, Faheem Ud Din, Najeeb Ul Tarfain, G. A. Badroo, Sabia Qureshi

As pasteurellas são pequenos bastonetes ou cocobacilos Gram -ve, não móveis, não formadores de esporos, anaeróbios facultativos e oxidase positivos. Os bastonetes apresentam uma coloração bipolar.

P. multocida e *Mannheimia haemolytica* (anteriormente designada por *P. haemolytica*) : Comensais no trato respiratório superior de várias espécies animais.

P. ureae: Trato respiratório superior dos seres humanos: Renomeado *Actinobacillus ureae*

P. gallinarum: Comensal na URT das galinhas, provoca ocasionalmente infecções respiratórias de baixo grau nas galinhas.

P. multocida : O primeiro registo significativo de um organismo desta espécie foi feito por Bollinger em 1878. Pasteur investigou-a extensivamente como causa da cólera das aves em 1880. Está associada à septicemia do coelho, à peste suína, à pneumonia bovina e à septicemia hemorrágica. Foi isolada como parte da flora oral e faríngea normal de muitas espécies de animais, incluindo cães, gatos, ruminantes selvagens e domésticos, cavalos, suínos, coelhos, gambás, roedores, aves e répteis.

Sistemas de classificação serológica:

* 5 Serogrupos capsulares (Rimler e Rhoades, 1987)
* 16 Serotipos somáticos (Heddleston et al. 1972)
* 5 Serotipos (classificação de Carter baseada em antigénios polissacáridos capsulares utilizando um teste de hemaglutinação passiva.

Tabela: Classificação de Carter

Tipo	Caraterísticas
A	Parte da flora normal do trato respiratório de muitos animais domésticos; associada a doenças, geralmente respiratórias, em animais stressados; inclui a maioria dos isolados de cólera aviária.
B	Não comensal; associada à SH dos ruminantes na Ásia e na Austrália
C	Parte da flora normal de cães e gatos; não encapsulado e, portanto, não é um tipo válido
D	Tal como A, faz parte da flora normal; causa doenças em animais stressados; inclui estirpes exclusivamente associadas à rinite atrófica dos suínos.
E	Não comensal; Causa a SH em ruminantes na África Central
F	Associado a doenças em perus

Patogénese:

O modo de infeção pode ser por contacto, inalação ou ingestão; os artrópodes que mordem raramente transmitem. O stress ambiental desempenha um papel importante na predisposição para a infeção. A passagem do agente infecioso de animal para animal resulta num aumento da virulência. *A P. multocida* é um invasor frequente na doença pneumónica. É uma causa primária de doença na cólera aviária e na septicemia hemorrágica epizoótica.

Factores de Virulência:

Uma toxina termolábil é produzida pelas estirpes de tipo A e D recuperadas de suínos. Pensa-se frequentemente que as culturas toxigénicas, isoladamente ou em conjunto com a *Bordetella bronchiseptica*, causam a rinite atrófica dos suínos. A infeção da mucosa do corneto por *Bordetella bronchiseptica* facilita a colonização por estirpes toxigénicas de *P. multocida*.

A toxina *de P. multocida* está associada às células e é libertada quando as bactérias morrem; é um polipéptido, com um peso molecular de 125 Kda a 160 Kda, termolábil, dermonecrótico para a pele de porco-da-índia, letal para os ratos e imunogénico. O gene que codifica a toxina foi clonado e expresso em *E. coli*.

Diagnóstico:

1   Exame direto: O organismo bipolar pode ser demonstrado num esfregaço de sangue na septicemia.

2   Isolamento e cultivo: Um bom crescimento primário requer meios enriquecidos com soro ou sangue. As colónias aparecem após incubação durante 24 horas a 37º C. As colónias são de tamanho moderado, redondas e acinzentadas. Algumas estirpes produzem grandes colónias mucoides. As culturas frescas têm um odor caraterístico. Os esfregaços revelam pequenos bastonetes Gram-negativos e coccobacilos. O pleomorfismo acentuado não é invulgar.

3   Identificação: Não são móveis, produzem indol, não sofrem hemólise e produzem oxidase. Em contrapartida, *a M. haemolytica* é β-hemolítica, indol negativa e cresce mal no MLA. Algumas estirpes são fracas produtoras de oxidase.

Os ratos e os coelhos são susceptíveis à maioria das estirpes. A inoculação em ratinhos é ocasionalmente utilizada para recuperar *P. multocida* de amostras fortemente contaminadas.

Nota: Consultar o manual prático para um diagnóstico pormenorizado.

Bactérias anaeróbias não formadoras de esporos

M. I. Hussain, Shaheen Farooq, Z. A. Kashoo, G. A. Badroo, M. A. Bhat, Najeeb Ul Tarfain

Grande número de bactérias Gram positivas e Gram negativas que existem no ambiente e também como comensais no trato intestinal dos animais e do homem. Encontram-se frequentemente em lesões necróticas e supurativas, muitas vezes como infeção mista com organismos anaeróbios facultativos.

Fusobacterium e *Bacteroides* spp. representam mais de 50% dos organismos anaeróbios. Outras spp. importantes são *Serpulina hyodysentriae, Actinomyces, Bifidobacterium, Porphyromonas, Peptostreptococcus* spp.

Fusobacterium necrophorum: bastonetes anaeróbios Gram-negativos, altamente filamentosos. 3 biótipos. O biótipo A (denominado *F. necrophorum* subsp. *necrophorum*) tem maior atividade hemolítica e é mais virulento do que os biótipos B e C.

Origem: os organismos encontram-se normalmente no trato intestinal de bovinos, ovinos, suínos e, por vezes, de outras espécies. Sobrevive bem em solos húmidos ricos em estrume.

Os organismos invadem os tecidos subjacentes quando as barreiras anatómicas são quebradas. Replicam-se a um potencial redox baixo. O traumatismo e a necrose seguidos da replicação de anaeróbios facultativos podem baixar os níveis de oxigénio para o intervalo adequado à proliferação de anaeróbios. Os organismos produzem toxinas extracelulares e podem produzir lesões em sinergia com outros anaeróbios, nomeadamente *Actinomyces pyogenes* e *Bacteroides nodosus*. Para além das infecções mistas, os organismos são considerados como agentes patogénicos primários de muitas doenças dos animais.

Gado:

Abscesso hepático dos bovinos - uma doença económica importante.

Podridão do pé/dermatite interdigital em combinação com *D nodosus*.

Difteria dos vitelos em vitelos com menos de 3 meses de idade.

Metrite pós-parto.

Necrobacilose interdigital (falta no pé)

Pontos negros (varíola negra) do orifício e do esfíncter das tetas dos bovinos.

Ovinos: Podridão das patas; dermatite interdigital ovina (escaldão); úlceras dos lábios e das patas.

Piga: rinite necrótica (nariz de touro).

Cavalos: aftas.

Bacteroides (Dichelobacter) nodosus: Organismos anseróbios Gram-negativos em forma de bastonete com saliências caraterísticas em cada extremidade, fortemente fimbriados com várias fímbrias humildes dispostas numa distribuição polar.

Parasita obrigatório dos tecidos epidérmicos dos cascos de ovinos, caprinos e bovinos.

Sobrevive no ambiente (solo, cama, etc.) durante vários dias em condições de humidade elevada e temperatura $>10^{0}$ C.

Alguns isolados de caprinos e não de bovinos são virulentos para os ovinos.

Doença:

Podridão podal contagiosa/virulenta em ovinos, bovinos, caprinos e veados. Doença economicamente importante.

Ovelhas: A precipitação predispõe. Devido à humidade prolongada, a epiderme interdigital é colonizada por difteróides e cocos, seguidos de *F necrophorum* provenientes do ambiente adubado, conduzindo assim a uma dermatite interdigital aguda. Se estiver presente *D nodosus*, a sua ação sinérgica com *Fusobacterium* leva à invasão progressiva dos tecidos epidérmicos moles das lâminas dos cornos da sola e do talão. O casco pode finalmente descamar. Verifica-se uma claudicação aguda e, se ambas as patas estiverem afectadas, os animais pastam sobre os joelhos.

Bovinos, ovinos e cervos: O foot rot é uma dermatite interdigital causada em combinação com *F. necrophorum e Porphyromonas*. Há ulceração superficial, necrose, fissuração e perqueratose da sola, fibroma interdigital e crescimento excessivo do casco.

Factores de virulência: Os organismos são classificados em estirpes virulentas, intermédias e benignas. A virulência está relacionada com proteases extracelulares e com a pilificação pesada.

Diagnóstico de anaeróbios:

Devem ser utilizados meios de transporte adequados (por exemplo, meio Cary Blair). As amostras de tecido de 2 cm3 mantêm a anaerobiose. Os fluidos são recolhidos em seringas, o ar é expelido e a agulha é tapada. As amostras são processadas rapidamente. Utilizar ágar-sangue enriquecido com extrato de levedura, vitamina K e hemina, e pré-reduzido mantendo-o em ambiente anaeróbio durante 6 horas. Para a subcultura, são utilizados meios líquidos, por exemplo, caldo de carne cozinhada ou meio de tioglicolato com Vit. K e hemina.

Para o D nodosus, são utilizados meios especiais e selectivos que contêm pó de casco de ovino para aumentar o crescimento.

D. nodosus: hastes espessas, rectas ou ligeiramente curvadas, com um comprimento máximo de 6 um e abauladas numa ou em ambas as extremidades.

F necrophorum: formas filamentosas, não ramificadas e de coloração irregular. As colónias têm um odor pútrido devido à produção de AGV.

D . nodosus : os organismos virulentos produzem colónias com uma zona central escura, uma zona média granulosa pálida com uma periferia irregular espalhada e um aspeto de vidro despolido.

F necrophorum: Colónias cinzentas, redondas e brilhantes. Algumas são hemolíticas.

Outros testes: D nodosus: ELISA, PCR, zimograma electroforético para conhecer o padrão das isoenzimas proteolíticas.

Espécies de *Haemophilus*

Sabia Qureshi, Zahid. A. Kashoo, G. A. Badroo. Parvaiz A. Dar

Pequenos bastonetes Gram-negativos, cocobacilos, ocasionalmente com filamentos curtos. Móvel, anaeróbio facultativo, catalase e oxidase variáveis, não se desenvolve em MLA.

Organismos fastidiosos. Exceto no caso do *H. somnus* , requerem um ou ambos os seguintes factores para o seu crescimento; (1) Fator X : necessidade da porfirina de ferro , hemina ; fornecido pelo ágar sangue ou ágar chocolate ; (2) Fator V : nicotinamida adenina dinucleótido (NAD) ou um dos seus precursores ribosídeos ; fornecido pelo extrato de levedura fresco , crescimento estafilocócico ou ágar chocolate .

As espécies mais importantes de *Haemophilus* que causam doenças animais crescem em ágar-sangue, com uma estria de *Staphylococcus* (crescimento) que fornece o fator V. O ágar sangue fornece hemina suficiente; o ágar chocolate fornece os factores X e V. Se se suspeitar de *Haemophilus*, as placas de sangue com estrias de *Staphylococcus* devem ser incubadas em ar com 10% de CO_2. *O H. somnus* não se desenvolve inicialmente sem CO_2 .

As placas são incubadas durante 24-48 horas. Aparecem pequenas colónias de gotas de orvalho após 24 horas de incubação. Se for necessário o fator V, as colónias aparecerão perto da estria de *Staphylococcus* (crescimento satélite). As colónias de H suis têm uma tonalidade amarelada. As diferentes espécies são diferenciadas com base na necessidade de factores X e V, no aumento do crescimento na presença de CO_2, na reação da catalase/oxidase e na utilização de hidratos de carbono, etc.

Estudos de hibridação de ácidos nucleicos demonstraram que os membros do género *Haemophilus* são geneticamente heterogéneos. As duas espécies *H. avium* e *H. pleuropneumoniae* foram transferidas para os géneros *Pasteurella* e *Actinobacillus*, respetivamente. *O H. equigenitalis*, que claramente não pertencia ao género *Haemophilus* por razões genéticas e bioquímicas, foi colocado num género recentemente criado, o *Taylorella*.

Espécimes: *Os Haemophilus* spp. são frágeis e não sobrevivem muito tempo quando retirados do hospedeiro. É preferível que o material clínico seja congelado (de preferência em gelo seco) e entregue ao laboratório no prazo de 24 horas. A refrigeração e os meios de transporte não são suficientes para manter a viabilidade. O tipo de amostra depende da lesão presente.

A maioria dos *Haemophilus* spp. está associada aos seres humanos e aos animais como comensais nas membranas mucosas do trato respiratório superior e do trato genital. Algumas são potenciais agentes patogénicos. As spp. patogénicas tendem a ser específicas do hospedeiro. As spp. importantes são:

H parasuis: provoca a doença de Glasser" nos suínos. A infeção é adquirida pouco depois do nascimento, por contacto direto e indireto com as porcas. Fixação dos organismos à mucosa mediada por fímbrias. Organismos. Invadem as barreiras mucosas e entram na corrente sanguínea. Os factores de stress predispõem. Os FV incluem a cápsula, a endotoxina e a superóxido dismutase.

A doença manifesta-se por poliserosite e meningite que afecta os suínos desde o desmame até às 12 semanas de idade. IP 1-5d. A evolução da doença pode variar desde uma morte aguda sem quaisquer sinais premonitórios até uma fase relativamente crónica em que os suínos parecem coxos, pirexos, deprimidos e anorécticos. Os sobreviventes apresentam artrite, pleurite ou convulsões. As lesões post mortem consistem em poliserosite fibrinosa, poliartrite e meningite.

Diagnóstico: Isolamento de *H. parasuis* a partir de fluido articular, LCR ou tecido post mortem de animais recentemente mortos.

Tratamento e controlo: Antibióticos. As bacterinas conferem imunidade específica ao serótipo.

Haemophilus paragallinarum: causa a coriza infecciosa nas galinhas. As aves cronicamente afectadas ou aparentemente saudáveis são portadoras e os principais reservatórios da infeção. Os organismos estão altamente associados ao hospedeiro e não conseguem sobreviver durante muito tempo fora do hospedeiro. Colonizam a URT e os seios nasais. A transmissão faz-se por contacto direto, aerossóis e água potável contaminada.

Os factores de virulência incluem o antigénio de superfície hemaglutinante que ajuda na colonização, proteínas adicionais da membrana externa em condições de limitação de Fe, cápsula de ácido hialurónico e LPS. As galinhas tornam-se susceptíveis 4 semanas após a eclosão e a suscetibilidade aumenta com a idade. Na forma mais ligeira, há depressão, corrimento nasal seroso e ligeiro inchaço facial. Nos casos graves, há um inchaço acentuado de um ou de ambos os seios infra-orbitais com edema do tecido circundante. Perda de peso nos frangos de carne e redução da produção de ovos nas poedeiras. Lesões post mortem: exsudados copiosos e tenazes nos seios infra-orbitais, traqueíte, bronquite e saculite do ar.

Diagnóstico:

a.   Sinais clínicos como inchaço facial

b.   Isolamento e identificação de organismos dos seios i/o.

c.   Coloração com imunoperoxidase para demonstrar a presença de organismos nas passagens nasais ou nos tecidos.

d.   Serologia: aglutinação, ELISA, AGPT, etc.

Tratamento: Oxitetraciclina, eritromicina na ração/comedor. Substituição do stock sem coriza. Podem ser experimentadas bacterinas.

***H. somnus* (em bovinos)** : Parte da flora normal do trato genital dos bovinos machos e fêmeas. Pode colonizar transitoriamente a URT. O stress ambiental predispõe à infeção. Propaga-se por contacto e por aerossóis. Os vitelos são afectados no início da vida pelas mães. O H somnus adere firmemente a vários tipos de células hospedeiras, incluindo o epitélio endotelial e vaginal. As FV incluem a fixação, a estimulação do crescimento pela flora normal, a resistência ao soro, os receptores Fc, a interferância com a fagocitose e a toxicidade para vários tipos de células bovinas. A fixação ao endotélio vascular leva a vasculite e trombose. Devido aos receptores Fc, os organismos têm a capacidade de se ligarem às imunoglobulinas. **Doença**: A septicemia está normalmente associada à infeção por H. somnus, pelo que muitos sistemas podem estar envolvidos. A meningoencefalite tromboembólica é uma consequência comum da septicemia. Os animais podem apresentar pirexia, depressão, miocardite e pneumonia. Os sobreviventes podem desenvolver artrite.

Outras doenças: abortos, metrite/ infertilidade, otite, mastite, orquite, conjuntivite, laringite/traqueíte, etc.

Diagnóstico: a. sinais neurológicos e lesões que incluem múltiplos focos necróticos nos cérebros afectados, vasculite, trombose, hemorragias no coração e noutros órgãos.

b. Isolamento de organismos, do LCR, de fetos abortados e de outros órgãos.

Tratamento: antibióticos de largo espetro. Bacterinas disponíveis.

***H somnus* em ovinos**: Os ovinos saudáveis podem ser portadores de organismos no prepúcio ou na vagina. Os organismos causam epididimite, orquite em carneiros; vulvite e vaginite. Podem também causar septicemia, artrite, meningite, pneumonia em borregos e mastite.

Capítulo n.º 18

Espécies *de Taylorella*

Z. A. Kashoo, M. A. Bhat, Faheem Ud Din, Najeeb Ul Taarfain, Sabia Qureshi, M. N. Hassan

Reino: Bactéria

Filo: Proteobactérias

Classe: Beta Proteobactérias

Encomendar: Burkholderiales

Família: *Alcaligenaceae* Género: *Taylorella*

Taylorella é um género de *Alcaligenaceae* da ordem dos Burkholderiales.

Existem duas espécies de "*Taylorella*":

* *Taylorella equigenitalis*: causa a Metrite Contagiosa Equina em cavalos.

* *Taylorella asinigenitalis*: foi isolada no trato genital de burros e é obviamente não patogénica.

A Metrite Contagiosa Equina (CEM) é uma infeção venérea do trato genital dos cavalos provocada pela bactéria Taylorella equigenitalis. Transmitida por contacto sexual, de acordo com Robert N. Oglesby DVM, a doença foi comunicada pela primeira vez em 1977 em explorações de criação de cavalos em Inglaterra e foi encontrada em 1978 pelo Dr. C.E.D. Taylor em cavalos importados da Europa para o estado do Kentucky, nos Estados Unidos. A Metrite Contagiosa Equina também foi detectada no Japão, Alemanha, França, Países Baixos, Escandinávia, Bósnia e Marrocos.

Sinais

Os sinais nas éguas aparecem dez a catorze dias após o acasalamento com um garanhão infetado ou portador. Um corrimento vulgar cinzento a cremoso cobre os pêlos das nádegas e da cauda, embora, em muitos casos, o corrimento esteja ausente e a infeção não seja aparente. A maioria das éguas recupera espontaneamente, embora muitas se tornem portadoras. As éguas infectadas são geralmente inférteis durante a doença aguda. No entanto, a infertilidade dura apenas algumas semanas, após as quais a gravidez é possível.

Os garanhões não apresentam sinais de infeção. A primeira indicação do estado de portador é o aparecimento de Metrite Contagiosa Equina e/ou a ausência de gravidez nas éguas cobertas pelo garanhão.

Diagnóstico

O diagnóstico da metrite contagiosa dos equídeos é efectuado através da colheita de culturas de todos os locais acessíveis. Nas éguas, isto inclui o endométrio, o colo do útero, a fossa clitoriana e os seios nasais. Nos garanhões, as culturas são colhidas nas pregas cutâneas do prepúcio, na fossa uretral, na uretra e no líquido pré-ejaculatório. Todas as amostras devem ser refrigeradas e transportadas para um laboratório de análises aprovado no prazo de 48 horas após a colheita.

Estão disponíveis análises ao sangue de éguas para a deteção de anticorpos contra a *Taylorella equigenitalis*. Não são possíveis análises ao sangue para garanhões. Estas análises tornam-se positivas 10 ou mais dias após a infeção. Se forem positivos, indicam apenas que a égua teve a doença no passado e não indicam se a égua é portadora atualmente.

Tratamento

A Taylorella equigenitalis é suscetível à maioria dos antibióticos, embora o estado de portador nas éguas seja difícil de eliminar. A maioria das éguas com endometrite aguda recupera espontaneamente. A terapia recomendada consiste em infundir o útero com um antibiótico, como a <u>penicilina</u>, limpar a zona do clítoris com uma solução de clorexidina a 2% e depois aplicar pomada de clorexidina ou nitrofurazona na fossa clitoriana e nos seios nasais. Todo o tratamento é repetido diariamente durante cinco dias.

É relativamente fácil eliminar o estado de portador nos garanhões utilizando um desinfetante local. Com o pénis descaído e a glande estendida a partir da face anterior, o eixo do pénis, incluindo as pregas do prepúcio e a fossa uretral, deve ser limpo diariamente durante cinco dias com uma solução de clorexidina a 2%. Após a secagem, aplica-se um creme de nitrofurazona nestas áreas.

Acções recomendadas em caso de suspeita de metrite contagiosa dos equídeos

1. Notificação das autoridades

A metrite contagiosa dos equídeos deve ser comunicada às autoridades estatais ou federais imediatamente após o diagnóstico ou a suspeita da doença. A nível federal: Veterinários responsáveis pela área (AVICS) http://www.aphis.usda.gov/vs/area_offices.htm

2. Quarentena e desinfeção

A Taylorella equigenitalis é suscetível aos desinfectantes mais comuns, incluindo a clorexidina, os detergentes iónicos e não iónicos e o hipoclorito de sódio (30 ml de lixívia doméstica em 1 galão de água).

Aspectos de saúde pública

Não existem provas de infeção humana com este organismo.

Capítulo n.º 19

Moraxella bovis

Sabia Qureshi, M. A. Bhat, M.I. Hussain, Z. A. Kashoo, G. A. Badroo, Shaheen Farooq

Os bastonetes curtos e carnudos Gram-negativos aparecem como diplobacilos.

Não móvel, aeróbio estrito, catalase e oxidase positivas.

Proteolítico e incapaz de utilizar hidratos de carbono.

Crescimento melhorado em meios enriquecidos. Não cresce em MLA.

Os organismos virulentos são fímbricos, hemolíticos e as colónias são planas, friáveis e produzem pitting no ágar.

Habitat: Organismos transportados por bovinos assintomáticos na membrana mucosa do olho, cavidade nasal e vagina. Os organismos são altamente sensíveis à dessecação e sobrevivem durante curtos períodos no ambiente. Podem sobreviver até 72 horas nos órgãos salivares e no corpo das moscas que actuam como vectores.

Transmissão: Contacto direto e aerossóis.

Doença; ceratoconjuntivite infecciosa dos bovinos ou conjuntivite ou doença da Nova Floresta - uma doença altamente contagiosa que afecta as estruturas superficiais do olho, geralmente em animais com menos de 23 anos de idade. Propaga-se rapidamente. Ocorre em todo o mundo. É economicamente significativa. Existe imunidade relacionada com a idade devido a exposição prévia.

Factores predisponentes: Idade, raça, atividade da mosca, irritantes oculares (pó, relva, UV, vento, etc.), infeção concomitante, deficiência de vitamina A e grau de pigmentação das pálpebras.

Factores de virulência: As fímbrias e a hemolisina são dois factores principais, juntamente com outras toxinas (fibrinolisina, hialuronidase, fosfatase, aminopeptidase, LPS, etc.). (o seu MOA e a sua patogénese serão discutidos na aula)

Sinais clínicos: Inicialmente, blefarospasmo, conjuntivite e lacrimejamento, seguidos de ulceração da córnea, opacidade e abscessão da córnea, levando a pan-ftalmite e cegueira. Há uma ulceração rodeada de opacidade e edema da córnea. Na fase de cicatrização, o tecido de granulação forma-se no fundo da úlcera e o cone vermelho caraterístico do tecido de granulação projecta-se da córnea. A úlcera pode cicatrizar em 2-3 semanas, deixando uma cicatriz branca. Os anticorpos neutralizantes que se desenvolvem após a infeção são activos contra a hemolisina de outros organismos, mas os anticorpos contra as fímbrias são específicos do tipo e não impedem a aderência do M bovis com um tipo de fímbria diferente.

Diagnóstico:

a. Sintomas

b. Isolamento da secreção lacrimal. As amostras devem ser processadas imediatamente ou colocadas em soro fisiológico e cultivadas no prazo de 2 horas. Em ágar-sangue a 37°C após 24-48 h: colónias hemolíticas redondas, pequenas, brilhantes e friáveis que perfuram o ágar. Sem crescimento em MLA.

c. Os organismos virulentos auto aglutinam-se em solução salina.

d. Inoculação animal: M bovis virulento, fatal para ratinhos/porquinhos-da-índia.

Tratamento e controlo : Antibióticos de largo espetro por via subconjuntival ou local.

A eficácia da vacina é questionável.

Controlo de gestão: reduzir a irritação mecânica, controlar a atividade das moscas, suplementação com Vit A.

Espécies de Bordetella

Shaheen Farooq, M. A. Bhat, Parvaiz A. Dar, Z. A. Kashoo, G. A. Badroo, Najeeb ul Tarfain

* Pequenos bastonetes Gram-negativos (coccobacilos)
* Motilidade por flagelos peritríquios.
* **Aeróbios estritos.**
* **Não atacam os hidratos de carbono.** Obtêm energia através da oxidação de aminoácidos.
* Catalase positiva
* Oxidase positiva
* Não há requisitos especiais de crescimento.

Quatro espécies são importantes:

1. *B. pertussis*: De tipo específico e afecta **os seres humanos**, causando **tosse convulsa**.
2. *B. parapertussis*: **Forma ligeira de tosse convulsa** nos seres humanos.
3. *B. bronchiseptica*: afecta uma vasta gama de espécies animais, como cães, porcos e o homem.
4. *B. avium*: afecta as espécies aviárias, especialmente **os perus**, causando **a coriza do peru**.

Habitat:

Comensais na mucosa da URT dos animais, do homem e das aves. Sobrevivem por curtos períodos fora do ambiente.

As Bordrtellae causam doenças respiratórias altamente contagiosas que afectam os animais em todo o mundo. Os organismos mostram afinidade pelo epitélio respiratório ciliado. Os organismos apresentam mudanças de fase que se correlacionam com a virulência.

Factores de virulência:

8. bronchiseptica produz hemaglutinina filamentosa, pertactina, fímbrias, hemolisina de adenilato ciclase, citotoxina traqueal, toxina dermonecrotóxica, osteotoxina e LPS. (o modo de ação e a patogénese serão discutidos na aula)

B. avium não possui hemaglutinina filamentosa, mas produz hemaglutinina que aglutina hemácias de porco-da-índia.

Infecções clínicas:

Os jovens são mais susceptíveis.

Os adultos apresentam uma infeção ligeira ou subclínica.

Os factores predisponentes incluem o stress devido a infecções concomitantes, transporte, etc.

A morbilidade pode ser elevada, mas a mortalidade é baixa.

Doenças causadas por *B. bronchiseptica*:

1. **Traqueobronquite infecciosa canina (tosse do canil) em cães:**

Complexo respiratório mais prevalente nos cães. Muitos outros agentes podem estar envolvidos, como a Parainfluenza canina 2 (PI 2), o adenovírus 2, o vírus da esgana canina, o herpesvírus 1, o reovírus, *o micoplasma*, etc.

Transmissão:

Contacto direto/ aerossóis. Transferência mecânica através de calçado, roupas, utensílios de alimentação, etc.

Sinais:

Morbilidade até 50%. Os organismos são libertados nas descargas respiratórias durante vários meses após a recuperação. Os sinais clínicos persistem até 2 semanas. Há tosse e uma ligeira descarga serosa oculo-nasal. O animal está alerta, ativo e afebril. Autolimitada, exceto se for complicada por broncopneumonia.

Diagnóstico:
- Isolamento do fluido traqueal.

Tratamento:
- É necessária se os sintomas persistirem durante mais de 2 semanas.
- A vacina combinada de *B. bronchiseptica* e PI-2 pode ser utilizada para profilaxia.

2. Rinite atrófica em suínos:

É predisposta pelo excesso de gado e pela má ventilação. Verifica-se uma atrofia ligeira sem distorção da face nos leitões com menos de 4 semanas de idade.

Broncopneumonia em suínos jovens. *A B. bronchiseptica* também afecta

1. **Coelhos:** Síndroma do tipo "Snuffles".
2. **Cavalos e gatos:** Infecções respiratórias.
3. **Humanos:** ocasionalmente isolados de feridas e fluidos corporais.

Doenças causadas por *B. avium*:

Coriza do peru:

Trata-se de uma doença URT altamente contagiosa das aves de capoeira, com elevada morbilidade mas baixa mortalidade. A infeção propaga-se por aerossóis, contacto direto e stress ambiental.

Sinais:

Acumulação de muco nas narinas com inchaço dos seios sub-maxilares. Respiração com a boca aberta. Lacrimação excessiva, espirros, etc. A super-infeção com *E. coli* conduz a uma doença grave com elevada mortalidade.

Diagnóstico:
- Isolamento de seios nasais/exsudados traqueais.

Espécimes: esfregaços nasais, lavagem traqueal, pulmões pneumónicos, etc.

- **Meios:** Ágar-sangue e MLA. Podem ser utilizados meios selectivos para evitar o crescimento excessivo e manter condições alcalinas a neutras para a *Bordetella*, uma vez que outros organismos que fermentam hidratos de carbono podem produzir ácido suficiente para inibir o crescimento da *Bordetella*. Exemplos: ágar McConkey com 15 glucose e furaltadona ou ágar sangue com clindamicina e neomicina; **meio Smith Berkville (SB).**

J Em ágar-sangue: colónias pequenas, convexas e lisas. Algumas *B. bronchiseptica* são hemolíticas, mas *B. avium* não é hemolítica.

J MLA: Fermentador sem lactose, colónias pálidas com tonalidade rosada.

Meio *J* SB: 24 horas: pequenas colónias azuis com uma área azul clara do meio à volta da colónia. 48 horas: 1-2 mm azul ou azul com centro verde. O meio circundante é azul.

- Teste de microaglutinação e ELISA.

Tratamento:
- Antibióticos de largo espetro.
- Podem ser utilizadas vacinas vivas mortas ou modificadas.

Capítulo n.º 21

Espécies *de Mycobacterium*

M. A. Bhat, Z. A. Kashoo, Shaheen Farooq, M. I. Hussain, G. A. Badroo, Sabia Qureshi

As micobactérias são bacilos aeróbicos, não formadores de esporos, não móveis, com forma de bastonete e resistentes ao ácido. As micobactérias são Gram-positivas e o elevado teor de lípidos complexos e de ácido micólico das suas paredes celulares impede a absorção dos corantes utilizados na coloração de Gram. Os lípidos da parede celular ligam-se à fucsina de carbol, que não é removida pelo descolorante ácido-álcool utilizado no método de coloração de Ziehl-Neelsen. Os bacilos que se coram de vermelho por este método são designados por método ácido-rápido ou método ZN.

As micobactérias incluem agentes patogénicos obrigatórios, invasores / agentes patogénicos oportunistas e saprófitas ambientais. As micobactérias patogénicas exibem uma preferência particular pelo hospedeiro, mas podem ocasionalmente infetar outras espécies. As doenças micobacterianas são geralmente progressivas e crónicas. Os membros estreitamente relacionados do complexo *M. tuberculosis* (*M. tuberculosis, M. bovis e M. africanum*) causam tuberculose nos seres humanos

Diferenciação de micobactérias patogénicas:

A coloração ZN é utilizada para diferenciar as micobactérias de outras bactérias. A diferenciação das micobactérias patogénicas baseia-se em caraterísticas culturais, testes bioquímicos, inoculação animal, análise cromatográfica e técnicas moleculares.

As micobactérias associadas a infecções oportunistas podem ser diferenciadas com base na produção de pigmentos, na temperatura óptima de incubação e na taxa de crescimento. As micobactérias patogénicas crescem lentamente e as colónias não são evidentes até as culturas terem sido incubadas durante, pelo menos, 3 semanas. As colónias de saprófitas de crescimento rápido são visíveis em poucos dias.

Caraterísticas culturais:

- As espécies patogénicas de Mycobacteria podem ser distinguidas pelo seu aspeto colonial em meios à base de ovos.

- A influência do glicerol e do piruvato de sódio na taxa de crescimento é utilizada para diferenciar as espécies patogénicas.

- A suplementação do meio com micobactina é necessária para o *M. avium paratuberculosis*. **A diferenciação bioquímica** baseada em métodos de teste específicos ajuda na identificação de *M. tuberculosis, M. bovis e M. avium.*

A análise cromatográfica da composição lipídica de algumas espécies de micobactérias é utilizada em laboratórios especializados.

Técnicas moleculares:

- Sondas de ADN

- Procedimentos de amplificação de ácidos nucleicos como a PCR

- Impressão digital de ADN para estudos epidemiológicos.

A classificação de Runyon baseia-se na taxa de crescimento, na morfologia da colónia e na produção de pigmentos. **Constituintes das células micobacterianas**: A espessa parede celular das micobactérias é rica em ácido micólico e outros lípidos complexos, o que a torna hidrofóbica e impermeável a corantes aquosos sem calor. A parede celular das micobactérias contém ácido N-glicolil-murâmico em vez de ácido N-acetil-murâmico. Alguns dos lípidos específicos são os ácidos micólicos, os micosídeos e os glicolípidos.

Factores que contribuem para a TB: aglomeração, factores genéticos, resistência natural e adquirida. **Diagnóstico**: Exame direto de esfregaços de lesões através da utilização de coloração ácido-rápida

Isolamento e cultura: O isolamento só deve ser tentado se o laboratório estiver equipado com instalações de "biocontenção" adequadas.

A identificação baseia-se em caraterísticas culturais, morfológicas, de crescimento e bioquímicas.

Os procedimentos de diagnóstico envolvem a prova da tuberculina, que é um teste antemortem normal em bovinos. Baseia-se numa hipersensibilidade de tipo retardado à tuberculoproteína micobacteriana. A reatividade é geralmente detetável 30-50 dias após a infeção nos bovinos.

Nota: Para um diagnóstico pormenorizado, consultar o Manual Prático.

Capítulo n.º 22

Rickettsiae

Z.A. Kashoo, M.A. Bhat, G. Badroo, Sabia Qureshi

Classificação:

- Reino: Bactéria
- Filo: Proteobactérias
- Classe: Proteobactérias Alfa
- Ordem: Rickettsiales
- Família: *Rickettsiaceae*
- Tribo: Rickettsieae
- Género: *Rickettsia*

Classificação antiga

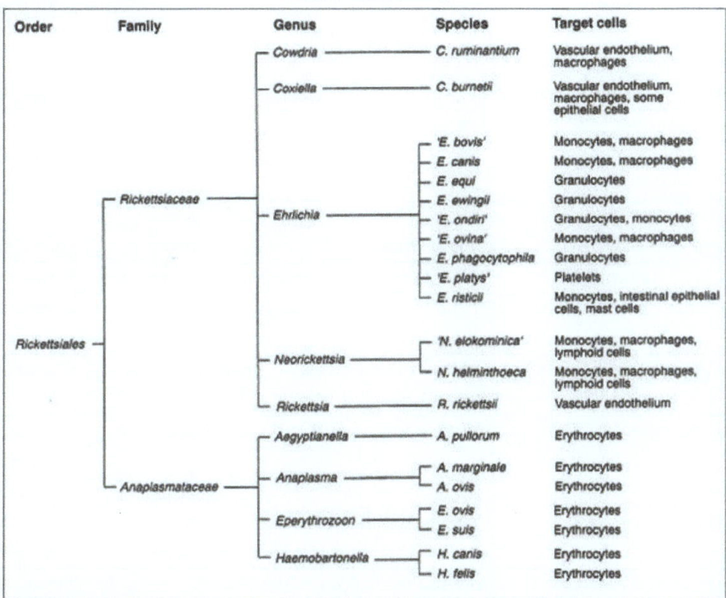

Nova classificação

- A taxonomia inicial baseou-se em **caracteres morfológicos, antigénicos e metabólicos.**
- A análise do 16S rRNA resultou em alterações na família **Rickettsiaceae** para incluir os organismos que são obrigados a residir no citoplasma/núcleo da célula hospedeira e não estão ligados a vacúolos.
- Assim, os géneros ***Ehrlichia, Cowdria, Neorickettsia e Coxiella*** foram retirados da família *Rickettsiaceae*.
- Três (3) géneros agora incluídos na família são ***Rickettsia, Piscirickettsia e Orientia***.
- Também ***Eperythrozoon* e *Haemobartonella*** foram removidos da família ***Anaplasmataceae*** para a ordem **Mycoplasmatales**.
- Alguns organismos de importância médica, incluindo *a **Coxiella burnetti***, foram transferidos para a ordem **Legionella.**

<u>**Assim, de acordo com a nova classificação:**</u>

A. Família: ***Rickettsiaceae*** tem 3 géneros, nomeadamente
1. *Rickettsia*
2. *Piscirickettsia*
3. *Orientia*

B. Família: ***Anaplasmataceae***
1. *Neorickettsia*
2. *Ehrlichia*
3. *Anaplasma*
4. *Aegyptianella*

Rickettsia de importância veterinária

S. Não.	Rickettisa	Doença	Anfitrião	Vectores
1.	*Rickettsia rickettsii*	Febre maculosa das Montanhas Rochosas	Humanos, Cães	Carraças
2.	*Aegyptianella pullorum*	Aegyptianellosis	Aves de capoeira	Carraças
3.	*Anaplasma marginale*	Anaplasmose	Ruminantes	Carraças, Dípteros mordedores
4.	*Anaplasma ovis*	Anaplasmose	Ovinos, caprinos	Carraças
5.	*Cowdria ruminatium*	Água do coração, cordriose	Ruminantes	Carraças
6.	*Ehrlichia canis*	Ehrlichiose monocítica canina	Cães	Carraças
7.	*Ehrlichia phagocytophila*	Febre transmitida por carraças	Runinantes	Carraças
8.	*Eperythrozoon suis*	Eperitrozoonose suína	Suínos	Piolhos, Artrópodes mordedores
9.	*Eperythrozoon ovis*	Eperitrozoonose ovina	Ovinos, caprinos	Artrópodes mordedores
10.	*Haemobartonella felis*	Anemia infecciosa felina	Gato	Desconhecido
11.	*Neorickettsia helminthoeca*	Envenenamento por salmão	Cães, outros canídeos	Fluke
12.	*Neorickettsia*	Febre da fasciola de Elokomin	Canídeos,	Fluke
	elokominica		guaxinim, urso	

Espécies que foram renomeadas

<u>Nome antigo</u>	<u>Novo nome</u>
- *Ehrlichia risticii*	*Neorickettsia risticii*
- *Ehrlichia phagocytophila, E. equi, Ehrlichia granulocítica humana*	*A. phagocytophilum*
- *Cowdria ruminantium*	*Ehrichia ruminantium*
- *Agente da febre aftosa Elokomin*	*Neorickettsia elokominica*

Caraterísticas das Rickettsiae:

1. As Rickettsiae são bactérias intracelulares obrigatórias, pequenas, pleomórficas, coccobacilares, não móveis, Gram-negativas, que se multiplicam por fissão binária e podem ser observadas ao microscópio de luz.

Família Rickettsiaceae

A única espécie de grande importância é a *Rickettsia rickettsii* que causa a febre maculosa das Montanhas Rochosas.

Grupo	Rickettsia	Doença	Vetorial	Reservatórios de vertebrados
Tifo	*R. prowazekii*	Tifo epidémico	Piolhos	Humanos
Tifo	*R. typhi*	Tifo murino, Tifo endémico	Pulga de rato	Rato
Tifo	*R. felis*	Tifo endémico	Pulga do gato	Gambá
Grupo Spotted Fever	*R. akari*	Varíola rickettsial	Ácaro gamasídeo	Rato
Grupo Spotted Fever	*R. siberica*	Tifo da carraça da Sibéria	Carraça	Animais selvagens, gado
Grupo Spotted Fever	*R. rickettsii*	Febre maculosa das montanhas rochosas	Carraça	Coelho, cães, pequenos roedores
Grupo Spotted Fever	*R. conori*	Febre de Boutonneuse	Carraça	Cães, roedores
Grupo Spotted Fever	*R. australis*	Tifo da carraça de Queensland	Carraça	Roedores do mato
Grupo Spotted Fever	*R. japonica*	Febre maculosa oriental	Carraça	?
Tifo dos arbustos	*R.*tsutsugamushi/ *Orientia tsutsugamushi*	Tifo dos arbustos	Ácaro trombiculídeo	Pequenos roedores, aves

Nota: As Rickettsias são parasitas das células intestinais dos artrópodes e a transmissão faz-se normalmente de artrópode para animal.

2. Cresce facilmente no saco vitelino de ovos embrionados e em culturas celulares.

3. As doenças rickettsiais são transmitidas por vectores artrópodes.

4. Coram bem com as colorações de Romanowsky, como as colorações de Giemsa, Castaneda, Gemenez e Macchiavello, mas mal com a coloração de Gram.

5. As rickettsias podem gerar a sua própria energia pela síntese de trifosfato de adenosina (ATP) através do metabolismo do glutamato. Além disso, as rickettsias possuem mecanismos de transporte que trocam ATP por adenosina difosfato (ADP) no ambiente intracelular, fornecendo um meio de usurpar o ATP da célula hospedeira em circunstâncias favoráveis.

6. Podem perder a sua viabilidade durante o armazenamento devido à perda do seu pool de

ATP intracelular e de vários coenzimas.

7. Nos géneros *Rickettsia, Pisirickettsia, Ehrlichia, Cowdria* e *Coxiella*
- A parede celular contém frequentemente peptidoglicano
- Cultivados em linhas celulares específicas ou em ovos férteis
- Tropismo para o endotélio vascular e leucócitos

8. Espécies do género *Anaplasma* e *Aegyptianella*
- Não possuem parede celular, possuem membranas celulares
- Não foram cultivados *in vitro*
- Tropismo para eritrócitos

Rickettsia rickettsii (Febre maculosa das Montanhas Rochosas; RMSF)

1. É uma doença febril que afecta principalmente os seres humanos e que varia de ligeira a bastante grave e, por vezes, fatal.

2. Nos cães, a doença é geralmente ligeira, no entanto, os cães jovens podem sofrer infecções graves e a doença canina é observada principalmente no centro-sul e sudeste dos Estados Unidos.

3. Os reservatórios são principalmente os roedores, lebres e coelhos selvagens e as carraças que deles se alimentam.

4. A RMSF ocorre onde as pessoas vivem perto de áreas florestais.

5. Normalmente, a infeção resulta principalmente da picada da carraça e o organismo é mantido nas carraças por transferência transovariana. As fezes e as secreções das carraças contêm o organismo que pode penetrar na pele e nas conjuntivas.

6. *Patogénese*: As infecções começam no sistema vascular. Os organismos proliferam nas células endoteliais e fagocíticas e são disseminados através da corrente sanguínea. Há obstrução de pequenos vasos sanguíneos devido à hiperplasia das células endoteliais infectadas e aos pequenos trombos resultantes. Febre, erupção cutânea hemorrágica, estupor, choque e gangrena irregular do subcutâneo e da pele são alguns dos sinais e lesões observados. Após a ingestão, as rickettsias destroem a membrana do fagossoma através da fosfolipase e depois multiplicam-se no citoplasma ou, em certos casos (febre maculosa), também no núcleo.

7. *Sinais clínicos*: Os sinais clínicos nos cães são mal-estar, febre, linfadenopatia, poliartrite, edema da face e das extremidades e hemorragias petequiais nas membranas mucosas em casos graves.

8. *Diagnóstico*: A trombocitopenia tem sido um achado consistente na doença canina. Os procedimentos serológicos utilizados para os soros caninos são o teste de microimunofluorescência, ELISA e o teste de aglutinação em látex. Um aumento de quatro vezes no título é considerado significativo. A demonstração de rickettsias em esfregaços corados com anticorpos fluorescentes ou em secções de biopsias cutâneas é significativa.

9. *Tratamento e controlo*: As tetraciclinas ou o cloranfenicol durante 2 semanas são eficazes. As carraças devem ser removidas diariamente e a prevenção envolve o controlo das carraças. Não existe atualmente nenhuma vacina disponível.

Família Ehrlichiaceae

Os membros desta família são também referidos como rickettsias, embora difiram delas em muitos aspectos. Propagam-se, dependendo da espécie, de forma mais eficiente nos vacúolos dos eritrócitos ou dos fagócitos mononucleares ou granulocíticos. No interior dos vacúolos citoplasmáticos, formam-se microcolónias, denominadas mórulas. Ocorrem duas formas morfológicas distintas, as formas reticuladas (electrónicamente lúcidas) e as formas de núcleo denso (electrónicamente densas). Ambas podem multiplicar-se por fissão binária.

Aegyptianella

A. pullorum:

1. Provoca a Aegyptianellosis nas aves domésticas e selvagens.
2. A doença é transmitida por carraças (Argas spp).
3. A doença na forma aguda é caracterizada por febre alta, diarreia, anorexia e paralisia.
4. *Diagnóstico*: Os esfregaços de sangue corados com Giemsa revelam múltiplas inclusões nos eritrócitos e os organismos podem estar presentes nos fagócitos ou livres no plasma.
5. A doença é tratada eficazmente com tetraciclina.

Anaplasma (*A. marginale, A. ovis, A. centrale, A. caudatum*)

As inclusões de Anaplasma centrale estão localizadas mais centralmente.

A. marginale (Anaplasmose):

1. Apresenta-se sob a forma esférica, cocóide e anelar.
2. Provoca doenças em bovinos, búfalos de água, veados, antílopes e outros ruminantes.
3. O período de incubação é geralmente de várias semanas e a doença manifesta-se nas formas aguda, subaguda e crónica.
4. *Sinais clínicos*: A doença aguda é caracterizada por febre, vários graus de anemia e iterícia com rápida perda de condição, podendo as vacas abortar.
5. *Diagnóstico laboratorial*: O diagnóstico é feito através da demonstração dos organismos como corpos marginais densamente corados (inclusões) nos eritrócitos de esfregaços de sangue corados com Giemsa. Foram utilizados testes de imunofluorescência, ELISA, aglutinação em cartão, aglutinação capilar, fixação do complemento e aglutinação em látex para detetar animais infectados.
6. *Tratamento*: As tetraciclinas ou o dipropinato de imidicarbe são eficazes.
7. *Controlo e prevenção*: Os vectores devem ser reduzidos. Está disponível uma vacina adjuvante constituída por A. marginale morto.

Cowdria

C. runinatium:

1. Provoca a cowdriose ou água do coração nos bovinos, ovinos e ruminantes selvagens.
2. Transmitida por carraças *Amblyoma* (transmissão transestadial).
3. O organismo multiplica-se nos gânglios linfáticos, espalha-se para a corrente sanguínea e infecta as células endoteliais, resultando em edema generalizado e hemorragias.
4. *Sinais clínicos*: a doença ocorre nas formas peraguda, aguda e subaguda e é caracterizada por septicemia, febre, hidropericárdio e envolvimento neurológico.
5. *Diagnóstico laboratorial*: Esfregaços do hipocampo e do córtex cerebral corados com Giemsa. Foi utilizado um ensaio de imunofluorescência para detetar anticorpos.
6. *Tratamento*: Tetraciclinas
7. *Controlo e prevenção*: Controlo de carraças e vacinação de animais jovens com *C. ruminatum*.

Ehrlichia (*E. platys, E. risticii, E. ondiri, E. phagocytophila*)

Ehrlichia canis (erliquiose canina, erliquiose monocítica canina, pancitopenia canina tropical)

1. Doença aguda a crónica caracterizada pela infeção de monócitos e linfócitos.
2. Afecta a família dos canídeos em todo o mundo e os cachorros e os GSD parecem ser particularmente susceptíveis.
3. *O Rhipicephalus sanguineus* é o vetor e o reservatório e a saliva da carraça é a principal fonte de infeção.

4. *Sinais clínicos*: Febre recorrente, epitáxis, corrimento nasal mucopurulento, vómitos, hemorragias e edema subcutâneo, depressão, emaciação, anemia, perda de peso, esplenomegalia, poliartrite, linfadenopatia generalizada, meningoencefalite, convulsões, paralisia e morte.

5. *Diagnóstico laboratorial*: Esfregaço pulmonar e esfregaços regulares corados com Geimsa e anticorpo fluorescente. A PCR e a sonda de ADN foram utilizadas para a identificação de *E. canis* nos tecidos.

6. *Tratamento e controlo*: A doxiciclina, a tetraciclina e a oxitetraciclina são eficazes. A pulverização e a imersão para erradicar as carraças também podem ser eficazes. Evitar áreas infestadas de carraças e remover as carraças.

E. platys:

1. Provoca trombocitopenia cíclica infecciosa canina (TIC).

2. *O R. sanguineus* é considerado o vetor.

3. *Sinais clínicos*: Febre, tonturas, anorexia, corrimento nasal, anemia, hemorragias petequiais e equimóticas e perda de peso.

4. *Diagnóstico laboratorial*: Inclusões caraterísticas nas plaquetas coradas pela coloração de Giemsa.

5. *Tratamento e controlo*: Doxiciclina ou outras tetraciclinas.

E. Risticii: (febre do cavalo Protomac, erliquiose monocítica equina, colite erliquial equina)

1. Doença rickettsial não contagiosa dos cavalos caracterizada por febre e diarreia profusa com uma mortalidade próxima dos 30%.

2. O modo de infeção e transmissão não é conhecido.

3. *Sinais clínicos*: Febre, anorexia, leucopenia, apatia e diarreia. Pode ocorrer aborto a meio ou no final da gestação.

4. *Diagnóstico laboratorial*: A gastroenterite ulcerativa é a lesão mais visível na necropsia. O ensaio de imunofluorescência e o ELISA são utilizados para o diagnóstico e titulação de anticorpos.

5. *Tratamento*: Tetraciclinas

6. *Controlo*: Estão disponíveis vacinas de células inteiras inactivadas, mas a duração da imunidade é curta.

E. equi: (Ehrlichiose granulocítica equina)

1. É uma doença esporádica e não contagiosa.

2. *A E. equi* tem uma vasta gama de hospedeiros naturais que inclui cavalos, burros, ilamas, cães e alguns outros roedores.

3. *Ixodes pacificus* e *Ixodes dammani* podem transmitir a infeção aos cavalos.

4. *Sinais clínicos*: Febre ligeira, trombocitopenia, anemia ligeira, anorexia, leucopenia, edema dos membros e relutância em mover-se.

5. *Diagnóstico laboratorial*: Esfregaços de sangue e buffy coat corados com Giemsa revelam mórulas de *E. equi* em neutrófilos nos animais infectados. A PCR e a imunofluorescência também podem ser utilizadas.

6. *Tratamento*: Tetraciclinas

7. Não existe atualmente nenhuma vacina disponível

E. ondiri (febre petequial bovina, doença de ondiri)

1. É uma doença não contagiosa caracterizada por febre, hemorragias petequiais das membranas mucosas e edema da conjuntiva com colapso seguido de morte em casos agudos.

2. O diagnóstico laboratorial baseia-se na demonstração de rickettsias em esfregaços de

sangue e esplénicos corados com Giemsa.

3. Tratamento: As tetraciclinas e a ditiosemixarbazona são eficazes a nível experimental.

E. phagocytophila:

1. Febre transmitida por carraças em bovinos, ovinos e caprinos

2. Transmitida por carraças *Ixodes* e *Rhipicephalus*.

3. *Sinais clínicos*: Febre, depressão, redução da produção ligeira, dificuldade respiratória e, ocasionalmente, aborto.

4. *Diagnóstico laboratorial*: Demonstração de rickettsias em granulócitos e monócitos por coloração de giemsa.

5. *Tratamento*: tetraciclina.

Eperitrozoários

As espécies de *Eperythrozoon* e *Haemobartonella* são difíceis de diferenciar morfologicamente. *Os Eperythrozoon* não foram cultivados em meios livres de células.

E. suis:

1. Provoca uma doença nos suínos caracterizada por iterícia, anemia, inapetência e fraqueza.

2. *Diagnóstico laboratorial*: demonstração do organismo (corpos em forma de anel). FAT, CFT ELISA e hemaglutinação indireta.

3. *Tratamento*: tetraciclina.

Haemobartonella (*H. felis* no gato, *H. canis* no cão)

Neorickettsia:

N. helminthoeca: Complexo de envenenamento por salmão (SPC).

N. elokominica: também pode causar SPC.

1. Está presente nas várias fases da fascíola hepática *Nanophyetus salmincola*; nomeadamente, do caracol ao peixe e ao cão.

2. A doença é contraída através da ingestão de salmão cru com incrustações de solha.

3. É uma doença febril aguda com uma mortalidade de até 90%.

4. Sinais clínicos: Diarreia, enterite hemorrágica, vómitos, passagem de sangue e desidratação.

5. Diagnóstico laboratorial: Fezes após exame para deteção de ovos de vermes, demonstração de rickettsia em esfregaços de gânglios linfáticos do trato alimentar, amígdalas, timo ou baço.

6. Tratamento: A tetraciclina e o clorampenicol são eficazes.

7. Controlo: Não alimentar os cães com peixe não cozinhado.

Diagnóstico laboratorial de doenças rickettsiais comuns

Doença	Diagnóstico laboratorial	Aspeto do agente em esfregaços corados com Giemsa
Febre Q (*Coxiella burnetii*)	Anticorpo fluorescente (FA) ou Giemsa esfregaços corados de ruminantes *placentas. Amostras de soro emparelhadas para serologia* (CFT, ELISA ou microaglutinação). Aumento de anticorpos 2-3 semanas após a infeção	Pequenos cocos vermelho-púrpura (0,2--0,4 µm) ou bastonetes curtos ■-... dentro das células. Aspeto semelhante ao da *Chlamydia psitacídeo: quando corado com o corante Giemsa*
Caninos erliquiose (*Ehrlichia canis*)	Esfregaços de sangue corados com Giemsa, melhor em por volta do 13º dia pós-infeção. Teste *de AF indireto* no soro *para deteção de* anticorpos	Células com coloração púrpura (0,5 µπ^ de diâmetro) ou inclusões (mórulas) até 4,0 µm de diâmetro em monócitos ou linfócitos

Equinos erliquiose (*Ehrlichia equi*)	Sangue ou camada leucocitária corados com Giemsa esfregaços. As inclusões podem ser observadas 48 horas após o início da doença. Pesquisa indireta de anticorpos no soro	Tal como para *E. canis*, mas células ou inclusões presentes em granulócitos, especialmente neutrófilos
Cavalo Potomac febre (*Ehrlichia risticii*)	FA ou esfregaços de sangue corados com Giemsa. ELISA ou FA indireta para deteção de anticorpos no soro	Agente de coloração púrpura em monócitos. Inclusões semelhante a outras *Ehrlichia* spp.
Febre transmitida por carraças (*Ehrlichia Phagocytophila*)	Esfregaços de sangue corados com FA ou Giemsa	Inclusões arroxeadas que variam de 0,7-3,0 µm em neutrófilos, eosinófilos, basófilos e monócitos
Água do coração (*Cowdha ruminantium*)	FA ou esfregaços corados com Giemsa de tecido cerebral (córtex cerebral). Inoculação de ratos ou de bovinos susceptíveis	Cóccix de coloração púrpura (0,2-0,5 µm) ou curto formas bacilares no citoplasma de células endoteliais vasculares células dos capilares do cérebro
Envenenamento por salmão (*Neorickettsia ■ helminthoeca*)	Sinais clínicos e deteção de fasciolose - ovos (*Nanophyetus salmincola*) em fezes. Demonstração do agente em aspirados de gânglios linfáticos	Mórulas arroxeadas no citoplasma de macrófagos com formas cocais individuais (0,3-0,4 µm) dispersas dentro das células .
Anaplasmose (*Anaplasma marginale*)	Giemsa, laranja de acridina e FA coloração de esfregaços de sangue. Serologia: FA indireta, CFT e aglutinação em cartão	Formas pleomórficas vermelho-violeta (0,2-0,4 µm diâmetro) no interior dos eritrócitos e perto do periferia. Até 50% dos glóbulos vermelhos podem estar parasitados
Aviário aegyptianellosis (*Aegyptianella pullorum*)	Esfregaços de sangue corados com Giemsa. Inoculação de aves susceptíveis por vias parenterais ou escarificação da pele com sangue infetado	Grande variedade de formas violeta-avermelhadas: ovais, redondas e anel (0,3-3,9 µm de diâmetro), e também maiores inclusões nos eritrócitos

Capítulo n.º 23

Família *Chlamydiaceae*

Sabia Qureshi, Faheem Ul Din, Najeeb Ul Tarfain, Z. A. Kashoo, G. A. Badroo, M. A. Bhat

Ordem: Chlamydiales

Parasitas intracelulares obrigatórios; possuem uma parede celular semelhante à das bactérias Gram negativas, mas com falta de ácido murâmico.

Replicam-se em vacúolos citoplasmáticos nas células hospedeiras.

Incapaz de gerar os seus próprios ATP e, portanto, dependente da célula hospedeira para as suas necessidades energéticas (parasitas energéticos)

Anteriormente um único género e 4 espécies, mas agora classificado em dois géneros *Chlamydia* e *Chlamydophila*, e 9 spp.

Ciclos de desenvolvimento únicos que ocorrem alternadamente e são formas morfologicamente distintas (forma infecciosa e forma reprodutiva)

A forma infecciosa é extracelular e consiste em pequenas formas (200-300 nm) metabolicamente inertes e osmoticamente estáveis, denominadas corpos elementares. Cada EB está rodeado por uma membrana citoplasmática bacteriana convencional, um espaço periplasmático e um invólucro exterior que contém LPS. Não existe peptidoglicano e a estabilidade osmótica é mantida por um invólucro com ligações cruzadas de dissulfureto. Ao entrar nas células por endocitose, os EB impedem a acidificação do endossoma e a fusão com o lisossoma. Após várias horas, os EB transformam-se em corpos maiores, não infecciosos, mas metabolicamente activos e osmoticamente frágeis (corpos reticulados). Os RBs (1 μm) replicam-se dentro dos endossomas por fissão binária. Os endossomas, quando corados juntamente com RBs, são designados por Inclusões. Cerca de 20 horas após a infeção, alguns dos RBs condensam-se e amadurecem para se tornarem os EBs infecciosos. Estes últimos são libertados aquando da lise da célula hospedeira após cerca de 72 horas.

Habitat: TGI de mamíferos e aves. As infecções persistentes são a regra. A C psittaci pode dar origem a uma infeção inaparente com excreção fecal prolongada. As EB são relativamente resistentes às condições ambientais e podem persistir durante vários dias num ambiente adequado.

Patogenicidade: As clamídias estão mais disseminadas do que a maioria dos outros agentes patogénicos. Afectam mais de 130 espécies de aves e um grande número de espécies de mamíferos, incluindo o homem. Também são isoladas de invertebrados. A gravidade da doença varia desde uma infeção inaparente até uma infeção sistémica grave caracterizada por febre, anorexia, letargia e, ocasionalmente, choque e morte.

Condições de doença importantes:

Aborto enzoótico das ovelhas (EAE): causado por *Chlamydophila abortus* (anteriormente designadas estirpes ovinas de *Chlamydia psittaci*). Doença registada em ovinos (mais comum), bovinos, caprinos e suínos criados em regime intensivo. Nos bovinos e caprinos, a doença tem origem nos ovinos. Nos suínos: a origem não é conhecida.

Infeção introduzida pela ovelha infetada. Os organismos são libertados na placenta e na descarga uterina e permanecem viáveis durante vários dias no ambiente a baixas temperaturas. A infeção ocorre por ingestão. As ovelhas infectadas no final da gravidez podem abortar durante a gravidez seguinte. As borregas jovens podem contrair a infeção durante o período neonatal e abortar durante a primeira gravidez.

Sinais clínicos: Aborto no final da gravidez ou nascimento de borregos prematuros. Necrose dos cotilédones e edema das áreas intercoteledonárias adjacentes. A fertilidade subsequente não é afetada. Até 30% dos animais abortam.

Tratamento e controlo: Terapia antibiótica, como a tetraciclina de ação prolongada, em animais em contacto. Mas não elimina a infeção.

Separar as ovelhas que abortam. Eliminação adequada da placenta infetada; desinfeção completa das instalações. Podem ser utilizadas vacinas atenuadas ou mortas antes da reprodução ou da gestação dos animais, respetivamente.

Aspectos de saúde pública: A infeção por *C abortus* é grave e potencialmente fatal para as mulheres grávidas, pelo que estas devem evitar o contacto com as ovelhas durante a parição.

Clamidiose felina: causada por *Chlamydophila felis* (anteriormente designada por estirpes felinas de *Chlamydia psittaci*). Transmissão por contacto direto ou indireto com secreções conjuntivais e nasais. Os gatos afectados recuperam espontaneamente, mas podem sofrer de infecções recorrentes.

Foram registados casos de conjuntivite em humanos devido ao C felis.

Controlo: Antibioticoterapia. Podem ser utilizadas vacinas vivas modificadas.

Encefalomielite bovina esporádica: causada por *Chlamydophila pecorum*. Embora a infeção intestinal seja mais comum, os animais afectados apresentam febre alta, incoordenação, depressão, aumento da salivação e diarreia. Pode haver recombinação e morte. Duração da doença: 2 semanas. A mortalidade pode atingir 50%. Há lesões de inflamação do endotélio vascular no cérebro e noutros órgãos. Não há vacinas.

Clamidiose aviária: causada por *Chlamydophila psittaci*. Doença também designada por psitacose nas aves psitacídeas e ornitose noutras aves. Ocorre em todo o mundo, afectando tanto aves selvagens como domésticas.

Isolados divididos em vários serovares com base na reatividade ao anticorpo monoclonal.

Organismos presentes nas descargas respiratórias e nas fezes das aves infectadas. Infeção adquirida por ingestão e inalação. Infeção subclínica comum. Surtos frequentes em situações de stress. Há uma infeção generalizada que afecta o TGI e o TR. Há perda de condição, descarga respiratória, diarreia e dificuldade respiratória. Lesões de hepatoesplenomegalia, saculite aérea e peritonite.

Tratamento e controlo: Medicamento de escolha: tetraciclina. Não há vacinas. Colocar em quarentena e administrar tetraciclina às aves importadas.

Os isolados aviários são potencialmente zoonóticos. Infeção por inalação de aerossóis. Pode ocorrer doença subclínica ou sistémica, infeção pulmonar, meningite e meningoencefalite e abortos.

Diagnóstico de infecções por Chlamydia:

Espécimes consoante a doença.

Abortos: pedaço de cotilédone afetado, esfregaço vaginal, pulmão fetal, fígado, etc.

Poliartrite: aspirado de líquido sinovial.

Conjuntivite: Esfregaço conjuntival.

Infeção sistémica: Pulmão, fígado, baço, etc.

Amostra de soro emparelhada de animais afectados e em contacto.

1.   Microscopia direta: para demonstração de EBs nos esfregaços corados pela coloração ZN modificada, coloração com azul de metileno ou método Macchiavallo ou coloração Castenda ou coloração Giemsa.

2.   Imunoperoxidase e imunofluorescência.

3. Isolamento e cultura em ovos embrionados, através da via do saco vitelino. Ou em culturas celulares (McCoy, BHK, Vero)

4. PCR.

5. Serologia, por exemplo, CFT, imunoflorescência indireta e ELISA.

Capítulo n.º 24   Espécies *de Mycoplasma*

Classificação: Z. A. Kashoo, Shaheen Farooq, M.N. Hassan

- Reino : Bactéria
- Divisão: Firmicutes
- Classe: Mollicutes
- Ordem: Mycoplasmatales
- Família: *Mycoplasmataceae*
- Género: *Mycoplasma*
- Espécies: *M bovis, Mpneumoiae* etc

1. Mycoplasma helicoidal (**Spiroplasmatales**) que habitam plantas e artrópodes

2. Mycoplasmas não helicoidais: Subdivididos em:

A) **Acholeplasmatales** (independente do colestrol)

Comensais de animais

B) **Mycoplasmatales** (dependentes do colestrol)

Estes estão divididos em dois géneros:

1. *Mycoplasma* (urease negativa)

2. *Ureaplasma* (urease positiva)

São patogénicos para o homem e para os animais

Caracteres gerais:

1. Os micoplasmas são os organismos de vida livre mais pequenos e mais simples que se conhecem.

2. São Gram-positivos e, após coloração com Giemsa, são vistos como coccobacilos, formas cocais, formas anelares e espirais.

3. Os seus genomas são pequenos, com 500-1000 genes, e consistem numa molécula circular de ADN de cadeia dupla.

4. Os organismos não têm uma parede celular rígida e, por isso, são pleomórficos.

5. Podem passar facilmente um filtro de membrana de 0,45 micrómetros.

6. A maioria das espécies utiliza a glucose ou a arginina como principal fonte de energia e são nutricionalmente exigentes.

7. Alguns micoplasmas, como o *Mycoplasma peumoniae* e o *Mycoplasma genitalium*, possuem organelos de fixação únicos com a forma de uma ponta afilada.

8. Os micoplasmas produtores de doenças requerem colesterol ou esteróis relacionados para crescerem e são incapazes de sintetizar purinas e pirimidinas, o que justifica a necessidade de meios complexos.

9. Os meios de cultura consistem em infusão de carne de bovino, peptona, 20% de soro de cavalo e extrato de levedura.

10. A maioria cresce aerobicamente, mas algumas requerem azoto com 5-10% de CO_2.

11. São contaminantes frequentes nas culturas celulares e podem ser difíceis de eliminar.

12. *Morfologia das colónias*: Sob baixa potência, as colónias parecem transparentes e planas e, muitas vezes, assemelham-se a um ovo estrelado (devido ao crescimento central no ágar, o que dificulta a remoção das colónias da superfície do ágar). Os ureaplasmas produzem

colónias mais pequenas do que outros micoplasmas e podem hidrolisar a ureia.

13. *Patogénese*:

a. O modo de infeção é mais frequentemente por inalação.

b. O conhecimento sobre o mecanismo da patogénese é pouco conhecido. Sugere-se que a acumulação de metabolitos micoplasmáticos pode contribuir para efeitos citopáticos e danos nos tecidos.

c. Alguns micoplasmas têm uma predileção por infetar as células mesenquimatosas que revestem as cavidades serosas e as articulações; outros parasitam os tecidos do trato respiratório, incluindo os pulmões.

d. São geralmente considerados parasitas extracelulares, exceto alguns, como o *M. neurolyticum*, que produz uma neurotoxina associada à membrana.

e. Pensa-se que uma cápsula de galactano produzida por *Mycoplasma mycoides* tem um papel patogénico.

14. *Diagnóstico laboratorial*:

a. A associação de uma cultura a uma lesão é sugestiva de um determinado organismo.

b. O diagnóstico definitivo baseia-se no isolamento e na identificação ou deteção dos micoplasmas nos tecidos através de um procedimento de anticorpos fluorescentes, por PCR específico.

c. São utilizados vários testes serológicos, como o CFT, a imunodifusão em gel de ágar e o ELISA, para detetar anticorpos contra micoplasmas.

15. *Tratamento*: A eritromicina, a tilosina, a tiamulina, a azitromicina, a claritromicina e as fluorquinolonas são normalmente utilizadas no tratamento contra os micoplasmas.

16. *Controlo*: Os bovinos são vacinados com uma estirpe viva atenuada de M. mycoides subsp. mycoides para prevenir a CBPP. Estão atualmente disponíveis vacinas contra a pneumonia enzoótica dos suínos.

A. Micoplasmas aviários

1. *Mycoplasma gallisepticum*: Provoca doença respiratória crónica e doença dos sacos aéreos em galinhas, perus e outras aves; sinusite infecciosa em perus e sinovite. A doença resulta numa redução da produção de ovos e num crescimento deficiente.

2. *M. synoviae*: Provoca sinovite infecciosa em galinhas e perus. A transmissão faz-se através de ovos, aerossóis e contacto direto.

3. *M. meleagridis*: causa a saculite aérea dos perus. A transmissão faz-se através dos ovos e depois lateralmente para as aves.

4. *M. iowae*: Pode causar saculite exsudativa do ar, deformações dos dedos dos pés e das patas dos borrachos e diminuição da eclosão dos ovos.

B. Micoplasmas de suínos

1. *M. hyorhinis*: causa poliserosite e artrite em suínos jovens.

2. *M. hyopneumoniae*: causa primária da pneumonia enzoótica dos suínos.

C. Micoplasmas do gado

1. *O Mycoplasma mycoides* subsp. *mycoides* (tipo de colónia pequena) causa a pleuropneumonia contagiosa dos bovinos (CBPP), uma das principais pragas dos bovinos. É uma doença altamente contagiosa caracterizada por septicemia, frequentemente seguida de localização no tórax com lesões supurativas extensas que envolvem os pulmões, a pleura e o pericárdio.

2. *M. bovis*: Comensal, causa mastite grave, artrite e, menos frequentemente, infecções genitais.

3. *M. bovigenitalum*: mastite destrutiva, artrite

4. *O M. bovigenitalum* e *o Ureaplasma diversum* são comensais do trato genital que são considerados a causa de vulvite granulosa e vaginite, endometrite com redução da fertilidade e, por vezes, aborto. Na vesiculite seminal masculina.

5. *O M. dispar* provoca uma infeção respiratória ligeira nos vitelos.

D. Mycoplasmas de ovinos e caprinos:

1. *M. mycoides* subsp *capripneumoniae* e *M. mycoides* subsp *mycoides* (colónia grande): causa a Pleuropneumonia Contagiosa Caprina (PPCC), uma pleurisia e pneumonia serofibrinosa aguda que pode envolver um lóbulo inteiro, caracterizada por hepatização vermelha e cinzenta com infarto hemorrágico caraterístico. Uma artrite grave pode ser uma sequela de uma bacteriémia.

2. *M. agalactiae*: causa agalactia contagiosa que se caracteriza por bacteremia, com localização e atividade inflamatória no úbere (mastite intersticial), nas articulações (artrite) e nos olhos (conjuntivite).

3. *M. capricolum*: provoca poliartrite

4. *M. conjunctivae*: Queratoconjuntivite em ovinos e caprinos.

E. Micoplasmas do cavalo

1. *M. equigenitalium*: aborto

2. *M. felis*: pleurite

F. Cães Mycoplasmas

1. *M. cynos*: Pneumonia

2. *M. canis* e *M. spumans*: causam infecções do trato urinário canino, incluindo uretrite, balanopostite, cistite, vaginite, nefrite e endometrite.

G. Gatos Micoplasmas

1. *M. felis*: conjuntivite mucoide

1. *M. gateae*: poliartrite.

Referências

1. Carter, Richard A., e R. Dwight Kirk. *Veterinary Microbiology: Molecular and Clinical Perspectives*. Londres, Reino Unido, Elsevier, 2013.
2. Hirsh, D.C., Zee, Y.C., Hirsh, D.C., Hirsh, D.C., Hirsh, D.C., Hirsh, D.C., & McClane, B.A. (2004). *Instant Notes Veterinary Bacteriology*. Oxford: BIOS Scientific Publishers.
3. Murray, Patrick R., Ken S. Rosenthal e Michael A. Pfaller. *Medical Microbiology*. 9ª ed., Elsevier, 2020.
4. Markey, Bryan, et al. *Veterinary Microbiology and Microbial Disease (Microbiologia veterinária e doenças microbianas)*. Chichester, Reino Unido, John Wiley & Sons Ltd, 2013.
5. McVey, D. Scott, et al. *Veterinary Microbiology*. Oxford, Reino Unido, Wiley-Blackwell, 2013.
6. Osweiler, Gary R., et al. *Biblioteca de Microbiologia e Doenças Infecciosas: Veterinary Microbiology (Microbiologia veterinária)*. Trenton, NJ, Veterinary Learning Systems, 2008.
7. Quinn, P.J., et al. *Clinical Veterinary Microbiology*. Londres, Reino Unido, Wolfe Publishing Ltd, 2011.
8. Smith, John. *Veterinary Bacteriology: Principles and Applications*. Wiley-Blackwell, 2018.
9. Medical Microbiology, 4ª edição, Samuel Baron, University of Texas Medical Branch at Galveston; 1996.
10. Zoonoses e Doenças Transmissíveis Comuns ao Homem e aos Animais Terceira Edição, Volume I, Bacterioses e Micoses. Publicação Científica e Técnica No. 580. Organização Pan-Americana da Saúde. 2001.

Printed by Books on Demand GmbH, Norderstedt / Germany